普通高等教育"十四五"系列教材

C#程序设计基础

潘天恒　周方　杨涛　韩军　编著

華中科技大學出版社
http://www.hustp.com
中国·武汉

内 容 简 介

本书从初学者角度出发，通过通俗易懂的语言、丰富多彩的实例，详细介绍了使用 C＃进行应用程序开发应该掌握的各方面技术。全书共分 10 章，包括了解.NET 和 C＃，了解 Visual Studio 2010，第一个 Hello，world！程序，数据类型、运算符和表达式，使用决策语句，使用循环语句，数组，Windows 应用程序设计、面向对象的程序设计，错误管理和异常处理等。很多知识结合具体实例进行介绍，部分程序代码给出了注释，可以使读者轻松领会 C＃应用程序开发的精髓，快速提高开发技能。

为了方便教学，本书配有电子课件等教学资源包，可以登录“我们爱读书”网（www.ibook4us.com ）浏览，或者发邮件至 hustpeiit@163.com 索取。

本书可作为高等院校及专业培训机构的计算机科学与技术、信息管理与信息系统和软件技术等相关专业的教材，也可作为广大计算机软件技术人员、应用开发人员和工程技术人员的参考书。

图书在版编目(CIP)数据

C＃程序设计基础/潘天恒等编著.—武汉：华中科技大学出版社，2018.5(2022.1 重印)

ISBN 978-7-5680-4139-3

Ⅰ.①C… Ⅱ.①潘… Ⅲ.①C 语言-程序设计-高等学校-教材 Ⅳ.①TP312.8

中国版本图书馆 CIP 数据核字(2018)第 101827 号

C＃程序设计基础

C# Chengxu Sheji Jichu

潘天恒 周 方 杨 涛 韩 军 编著

策划编辑：康 序

责任编辑：史永霞

责任监印：朱 玢

出版发行：华中科技大学出版社(中国·武汉)　　电话：(027)81321913

武汉市东湖新技术开发区华工科技园　　邮编：430223

录　　排：武汉正风天下文化发展有限公司

印　　刷：武汉市首壹印务有限公司

开　　本：787mm×1092mm　1/16

印　　张：15

字　　数：388 千字

版　　次：2022 年 1 月第 1 版第 3 次印刷

定　　价：38.00 元

本书从初学者角度出发，通过通俗易懂的语言、丰富多彩的实例，详细介绍了使用C#进行应用程序开发应该掌握的各方面技术。全书共分10章，包括了解.NET和C#，了解Visual Studio 2010，第一个Hello，world！程序，数据类型、运算符和表达式，使用决策语句，使用循环语句，数组，Windows应用程序设计、面向对象的程序设计，错误管理和异常处理等。很多知识结合具体实例进行介绍，部分程序代码给出了注释，可以使读者轻松领会C#应用程序开发的精髓，快速提高开发技能。

本书以应用型本科人才培养为导向，其理论教学内容以实用为目的，涉及技术较为全面，重点突出，叙述方式深入浅出，每章附带的小结简明扼要，帮助读者找到切入点以便进行今后的深入学习。

本书由武汉生物工程学院潘天恒、周方，武汉匠心育码科技有限公司杨涛，武汉市尚上游科技有限公司韩军编著，潘天恒独立完成了全书文字的编写工作，周方、杨涛、韩军对全书内容进行了审核。

为了方便教学，本书配有电子课件等教学资源包，可以登录“我们爱读书”网（www.ibook4us.com）浏览，或者发邮件至hustpeiit@163.com索取。

本书可作为高等院校及专业培训机构的计算机科学与技术、信息管理与信息系统和软件技术等相关专业的教材，也可作为广大计算机软件技术人员、应用开发人员和工程技术人员的参考书。

编　者

2021年11月

目录 CONTENTS

第1章 了解.NET 和 C#

什么是C#？C#(C Sharp)是一门计算机编程语言。它具有Java的简洁、C++语言的灵活，并且有Pascal语言的严谨，是一门非常优秀的编程语言。什么是.NET？.NET框架其实就是一个应用程序开发平台，C#是为支持这个框架而开发的，它们之间具有非常密切的联系。本书中涉及的程序都是通过Visual Studio 2010开发环境编译的。

本章要点

■ 了解.NET及.NET框架的组成

■ 了解C#语言的基本概念、特点及其应用

1.1 了解.NET

想要学习C#语言，首先要了解.NET framework(框架)，简称.NET。微软公司总裁兼首席执行官Steve对于.NET的解释是："它代表一个集合，一个环境，可以作为平台支持下一代Internet的可编程结构。"

.NET平台最大的特点就是支持多种编程语言，而C#是.NET的代表语言。值得一提的是，.NET支持跨语言开发，只要是.NET支持的语言都可以实现相互的调用和协作。在这个平台中，可以开发出运行在Windows上的几乎所有的应用程序。

.NET最令人心动的地方是它为程序员提供了大量的类库，这是一个巨大的宝藏。利用这些类库可以快速开发.NET应用程序，在以后的学习中我们会接触到这些类库中的许多类。

1.1.1 .NET概述

.NET提供了一整套应用程序开发平台，它实际上就是一大堆技术的集合，这些技术可以相互协作，能为开发人员提供无限的可能。作为一个全新的跨语言开发平台，.NET具有非常强大的功能，主要体现在以下几个方面：

■ 无论代码是在本地执行还是分布在Internet上，.NET都为其提供了一个面向对象的编程环境。

■ 提供一个将软件部署和版本控制冲突最小化的代码执行环境。

■ 提供一个能够提高代码执行安全性的代码执行环境。

■ 使开发人员的经验在面对类型不同的应用程序时保持一致。

■ 按照工业标准生成所有通信，以确保基于.NET Framework的代码可与任何其他代码集成。

1.1.2 .NET框架组成

.NET定义了一个支持高度分布的、基于组件的应用程序开发和执行环境。它使得不同的计算机语言能够协同工作。与C#相关的是，.NET定义了两个非常重要的实体，即公共语言运行库和.NET Framework类库。

1. 公共语言运行库

公共语言运行库又称公共语言运行时(common language runtime,CLR)或公共语言运行环境,是.NET框架的底层。其基本功能是管理.NET代码的执行。那么公共语言运行库是如何工作的呢?

为了实现跨语言编程,.NET首先将开发语言与运行环境分开,在CLR层面上实现一些所有语言的共同特性(如数据类型、异常处理等)。在.NET上集成的所有编程语言编写的应用程序想要运行就需要通过CLR。凡是符合公共语言规范(common language specification,CLS)的语言所编写的对象都可以在CLR上相互通信,相互调用,实现了跨语言编程。例如,用C++语言编写的应用程序,也能够使用C#编写的类库和组件,反之亦然,这大大提高了开发人员的工作效率。

2 .NET Framework 类库

上文说过.NET Framework类库是一个巨大的宝藏,其实它就是面向对象的可重用类型集合,这些类型集合都是由预先编写好的程序代码库组成的,这些代码包括一组丰富的类与接口,程序员编程时可以直接使用这些类和接口。例如,工具箱面板中的控件就是类库中的一部分。程序员直接用鼠标选中要添加的控件,相应控件的代码就会自动添加到程序中。这一功能大大降低了Windows应用程序的开发难度,也加快了程序员开发的速度。.NET框架类库是程序员必须掌握的工具,类库中的类和接口有很多,我们不可能一一学习。但这些类和接口的使用方法大同小异,我们需要熟练掌握。

1.2 了解C#

1.2.1 C#的概念

"C语言""C++语言""C++++(C#)语言",从名字上我们就可以看出C#是从C和C++发展而来的。如果你学习过C和C++,你就会发现C#语言的语法相对C和C++要简单一些,通常使用C#开发应用程序效率更高、周期更短、成本更低。与Java类似,使用C#编写代码会被编译为中间语言代码,中间语言代码是无法直接在计算机上执行的,这样提高了语言的安全性。想要运行应用程序,还需要通过.NET框架组件进行二次编译,将中间语言代码翻译为二进制代码。这段二进制代码存储在一个操作系统的缓冲区中,如果其他程序使用了相同的代码,Windows会直接调用缓冲区中的版本快速执行。

1.2.2 C#的特点

C#忠实地继承了C和C++的优点,与此同时,它还提高了对应用程序的快速开发能力。通过本书的学习,我们会发现C#的语法内容与C和C++是如此相似。当然,如果你是一位没有任何编程语言学习基础的新手,C#也不会给你带来太多的困扰,快速应用程序开发(rapid application development,RAD)的思想与简洁的语法将会使你迅速成为一位熟练的开发人员。

正如前文所述,.NET平台推出后,微软公司为其量身定做了新的编程语言C#。所以,C#与.NET框架总是可以完美结合。在.NET运行库的支持下,C#可以最大限度地表现出.NET框架的各种优点。接下来我们简单介绍一下C#的一些突出的特点，相信在以后的学习过程中，你会对其有更深的体会。

■ 语法简洁；
■ 精心地面向对象设计；
■ 与Web紧密结合；
■ 完整的安全性与错误处理；
■ 版本处理技术；
■ 灵活性与兼容性。

1.2.3 C#的应用

如果想开发应用程序底层和桌面程序，可以使用C、C++、C#作为开发语言。如果想进行Web开发，可以使用PHP、C#。如果你仔细观察，就会发现程序开发的领域里到处都有C#的身影。它几乎可用于所有领域，如嵌入式、便携式计算机、电视、电话、手机和其他大量设备。C#的用途广泛，更是拥有无可比拟的能力。C#应用领域主要包括：

■ 操作系统平台开发。
■ Web应用开发。
■ 游戏软件开发。
■ 交互式系统开发。
■ 智能手机程序开发。
■ 桌面应用系统开发。
■ 网络系统开发。
■ 多媒体系统开发。
■ RIA应用程序(Silverlight)开发。

小　　结

本章简要介绍了.NET Framework的相关概念及其两个重要组件，还对C#语言进行了简单的介绍，对其特点进行了说明，最后介绍了C#的应用领域。

第2章将介绍进行C#开发时所使用的工具——Visual Studio 2010。

知　识　点	操　　作
.NET具有非常强大的功能	■ 提供一个面向对象的编程环境，无论代码是在本地执行还是分布在Internet上。 ■ 提供一个将软件部署和版本控制冲突最小化的代码执行环境。 ■ 提供一个能够提高代码执行安全性的代码执行环境。 ■ 使开发人员的经验在面对类型不同的应用程序时保持一致。 ■ 按照工业标准生成所有通信，以确保基于.NET Framework的代码可与任何其他代码集成。

续表

知 识 点	操 作
与C#相关的是,.NET定义了两个非常重要的实体,即公共语言运行库和.NET Framework类库	(1) 公共语言运行库。 公共语言运行库又称公共语言运行时(common language runtime,CLR)或公共语言运行环境,是.NET框架的底层。 (2).NET Framework类库。 .NET Framework类库是一个巨大的宝藏,其实它就是面向对象的可重用类型集合,这些类型集合都是由预先编写好的程序代码库组成的,这些代码包括一组丰富的类与接口,程序员编程时可以直接使用这些类和接口
C#的特点	■ 语法简洁; ■ 精心地面向对象设计; ■ 与Web紧密结合; ■ 完整的安全性与错误处理; ■ 版本处理技术; ■ 灵活性与兼容性

课后练习

一、问答题

1. .NET Framework类库的主要功能是什么?
2. Microsoft .NET框架的功能主要体现在哪些方面?
3. 简述C#可以应用在哪些领域。

第2章 了解Visual Studio 2010

本书使用的开发平台是Visual Studio 2010(简称VS)。开发C#应用程序并不是必须使用Visual Studio 2010,但是使用Visual Studio 2010确实可以让我们的编程任务变得更简单。对于C#源代码,可以先在文本编辑器(例如记事本)中编辑,然后再在命令行应用程序中编译代码,但是这样做很费时费力。所以,建议使用Visual Studio 2010来进行C#应用程序开发。Visual Studio 2010给我们带来的便捷将会在接下来的章节中一一体会。

本章要点

- 了解Visual Studio 2010开发平台
- 掌握安装与卸载Visual Studio 2010的方法
- 熟悉Visual Studio 2010开发环境
- 在编程中可以使用C#编程常用帮助

2.1 Visual Studio 2010开发平台介绍

微软公司公布的Visual Studio 2010的图标如图2.1所示。

Visual Studio 2010并不是一个开发工具,而是一套完整的开发工具集,里面集成了很多个工具,其中包括开发Windows应用程序、Web应用程序、XML Web Services和传统的客户端应用程序时需要的各种工具。使用Visual Studio 2010,可以快速、轻松地生成Windows桌面应用程序、ASP.NET Web应用程序、XML Web Services和移动应用程序。本节将详细介绍Visual Studio 2010开发环境。

图2.1 Visual Studio 2010的图标

2.2 安装与卸载Visual Studio 2010

Visual Studio 2010是微软公司为了配合.NET战略推出的IDE开发环境,同时也是目前开发C#应用程序最好的工具。本节将对Visual Studio 2010的安装与卸载进行详细讲解。

2.2.1 安装Visual Studio 2010

下面将详细介绍如何安装Visual Studio 2010,其步骤如下:

(1) 可使用Visual Studio 2010安装盘或直接从网上下载Visual Studio 2010安装程序。找到其中的setup.exe可执行文件,双击setup.exe,出现图2.2所示的"Microsoft Visual Studio 2010安装程序"界面。该界面上有两个安装选项,分别为"安装Microsoft Visual Studio 2010"和"检查Service Release"。

(2) 选择第1个安装选项"安装Microsoft Visual Studio 2010",进入Visual Studio 2010

图 2.2 "Microsoft Visual Studio 2010 安装程序"界面

安装向导窗口。单击"下一步"按钮，弹出图 2.3 所示的"Microsoft Visual Studio 2010 旗舰版安装程序-起始页"窗口，该窗口左边显示的是关于 Visual Studio 2010 安装程序将要安装的组件信息，右边显示用户许可协议。

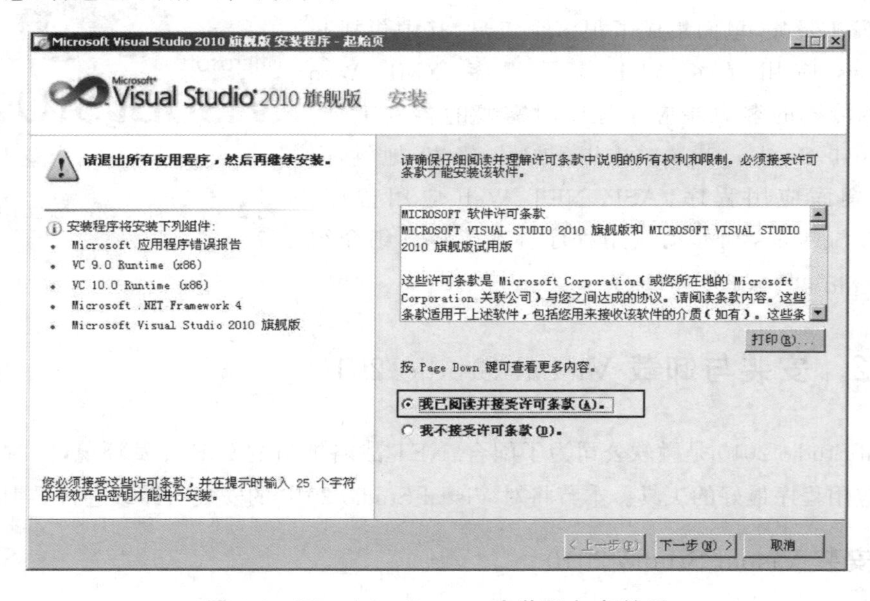

图 2.3 Visual Studio 2010 安装程序-起始页

(3) 选中"我已阅读并接受许可条款。"单选按钮，单击"下一步"按钮，弹出图 2.4 所示的"Microsoft Visual Studio 2010 旗舰版安装程序-选项页"窗口，用户可以选择要安装的功能和产品安装路径。产品默认路径为"C:\Program Files\Microsoft Visual Studio 10.0\"，这里选择 D 盘作为安装路径。用户可以选择安装方式，有"完全"和"自定义"两种方式。如果选择"完全"，程序会安装所有功能；如果选择"自定义"，用户可以选择希望安装的项目，提高了安装程序的灵活性。

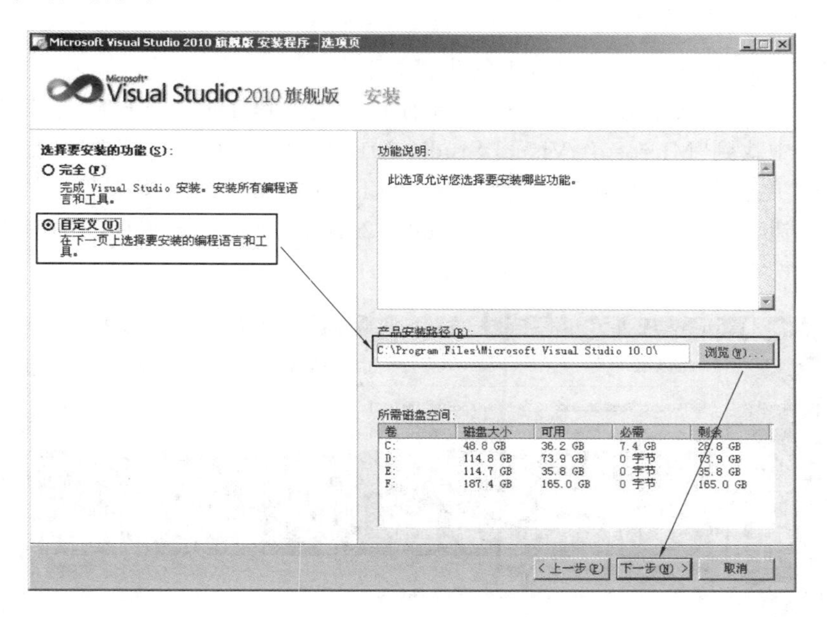

图 2.4　选择安装方式

(4) 在图 2.4 中选择“自定义”安装方式，单击“下一步”按钮，进入选择要安装的功能界面，如图 2.5 所示。选择好产品安装路径之后，单击“安装”按钮。

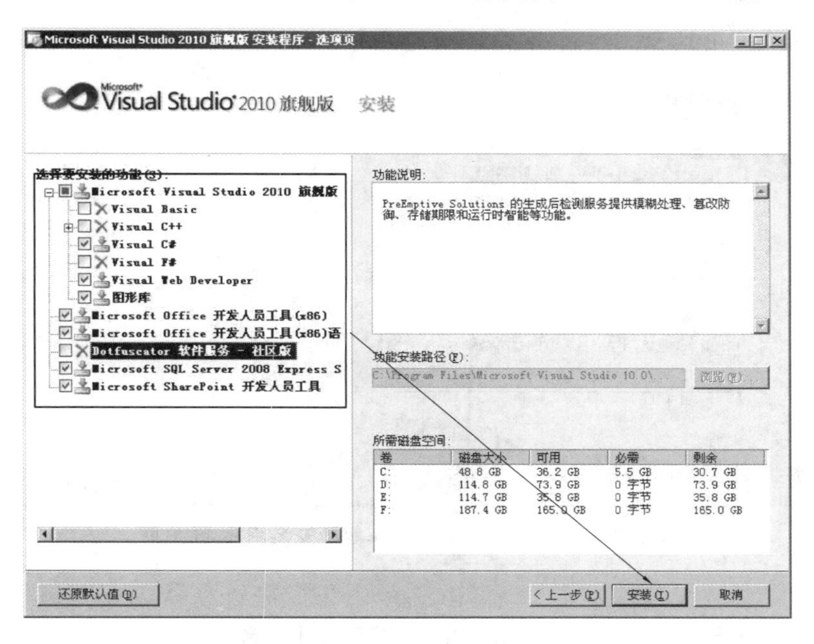

图 2.5　选择安装的功能

(5) 进入“Microsoft Visual Studio 2010 旗舰版安装程序-安装页”窗口，显示正在安装组件。安装完毕后，单击“下一步”按钮，进入“Microsoft Visual Studio 2010 旗舰版安装程序-完成页”窗口，单击“完成”按钮。至此，Visual Studio 2010 开发环境安装完成。

2.2.2 卸载 Visual Studio 2010

卸载 Visual Studio 2010 开发环境的步骤如下：

（1）在 Windows 操作系统中，打开“控制面板”，找到程序窗口，选择“更改/删除”命令，在打开的窗口中找到“Microsoft Visual Studio 2010 旗舰版-简体中文”选项，如图 2.6 所示。

（2）单击“更改/删除”按钮，进入 Microsoft Visual Studio 2010 安装程序的维护模式，单击“下一步”按钮，进入“Microsoft Visual Studio 2010 旗舰版安装程序-维护页”窗口，如图 2.7 所示。单击“卸载”即可卸载 Visual Studio 2010。

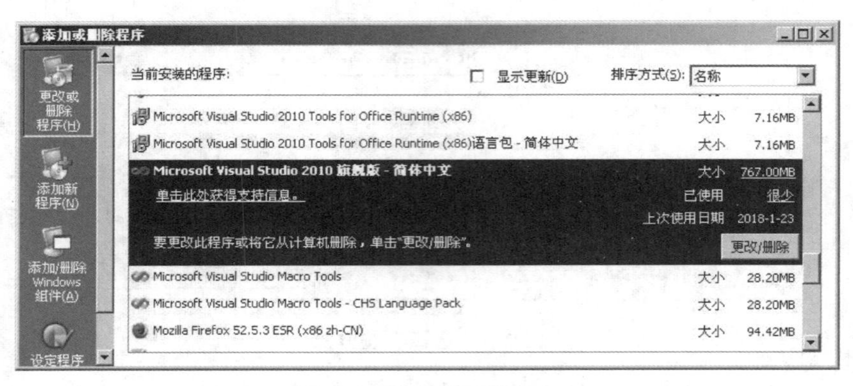

图 2.6 添加或删除程序

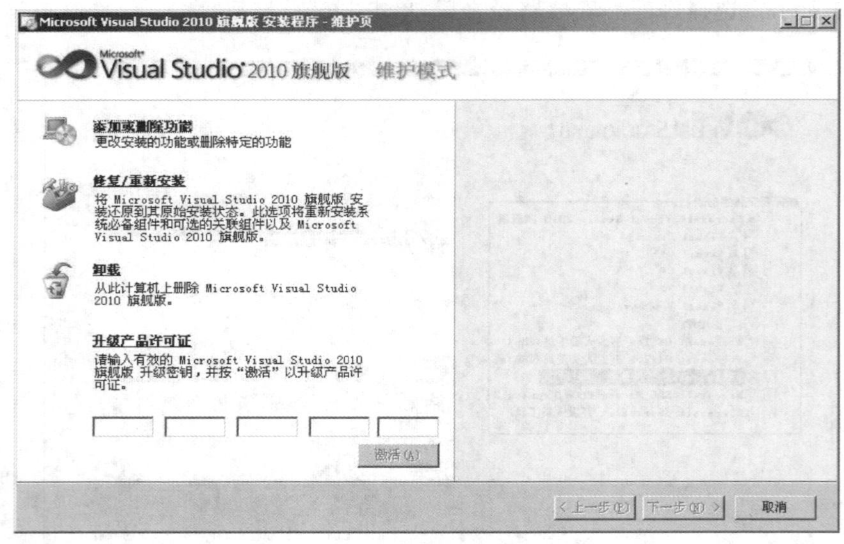

图 2.7 Visual Studio 2010 旗舰版安装程序-维护页

 2.3 熟悉 Visual Studio 2010 开发环境

2.3.1 Visual Studio. NET 起始页

安装好 Microsoft Visual Studio 2010 后，在“开始”菜单中找到“程序”，在“程序”中找到 Microsoft Visual Studio 2010 →Microsoft Visual Studio 2010 命令，进入选择默认环境设置

界面。选择“Visual C#开发设置”，鼠标单击“启动 Visual Studio”后就进入了 Visual Studio 2010 主界面，如图 2.8 所示。主界面默认显示的是起始页。若启动后不想显示起始页，可以在“工具”菜单中找到“选项”命令，在弹出的对话框中找到“环境”选项卡中的“启动”选项并进行设置。

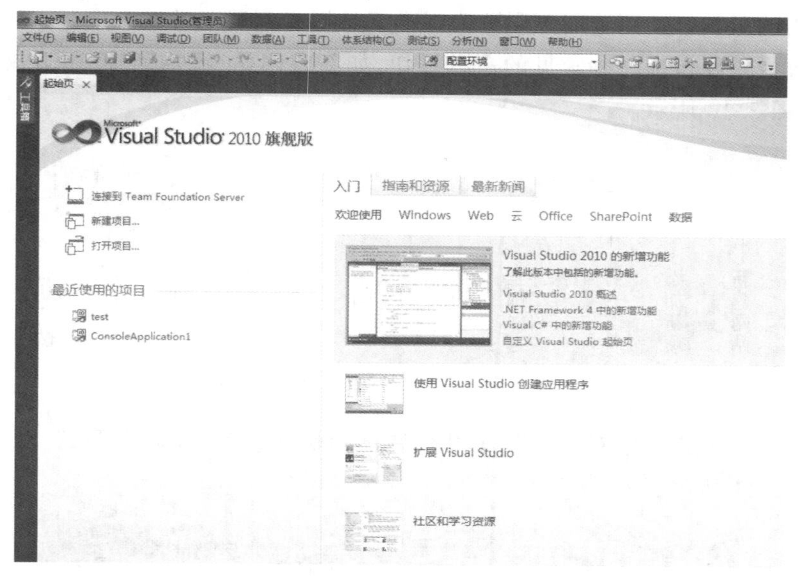

图 2.8　Visual Studio 2010 旗舰版起始页

Visual Studio 2010 起始页包括标题栏、菜单栏、工具栏、最近使用的项目、最新新闻、入门、工具箱等部分。其中，标题栏、菜单栏、工具栏这几项我们在 Windows 的其他软件中都用过，这里不再介绍。

还有一些其他功能可以方便我们使用。

新建项目：用于创建新项目。

打开项目：用于打开已有的项目。

最近使用的项目：显示了最近创建或打开过的项目列表，其中项目的数目可以在“工具”菜单中找到“选项”命令，在弹出的对话框中的“常规”选项中进行设置。

2.3.2　菜单栏

Visual Studio 2010 中的所有命令都可以在菜单栏中找到，菜单栏包括常用的菜单项，例如“文件”“编辑”“视图”“窗口”和“帮助”，还包括一些专门用于编程的功能菜单，例如“调试”“工具”和“测试”等，如图 2.9 所示。

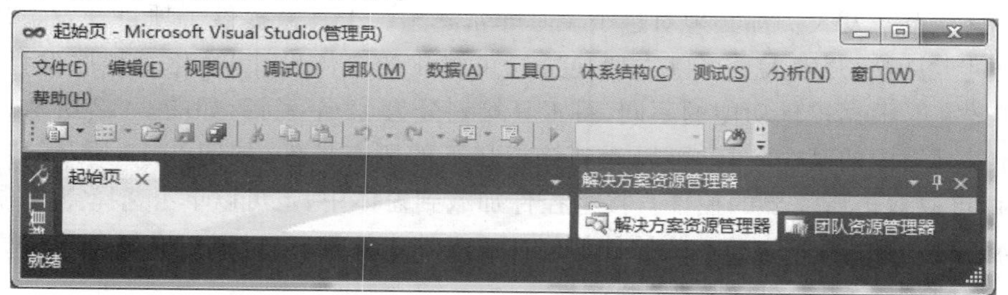

图 2.9　Visual Studio 2010 菜单栏

2.3.3 工具栏

为了让操作更加快捷、方便，Visual Studio 2010 设置了工具栏，将菜单项中常用的命令按功能分组放入其中。用户在使用这些功能时，可以直接通过工具栏快速地访问常用的菜单命令。常用的工具栏按照功能不同分为标准工具栏和调试工具栏。

标准工具栏主要包括一些常见的命令按钮，如新建网站、添加新项、打开文件、保存、全部保存等，如图 2.10 所示。

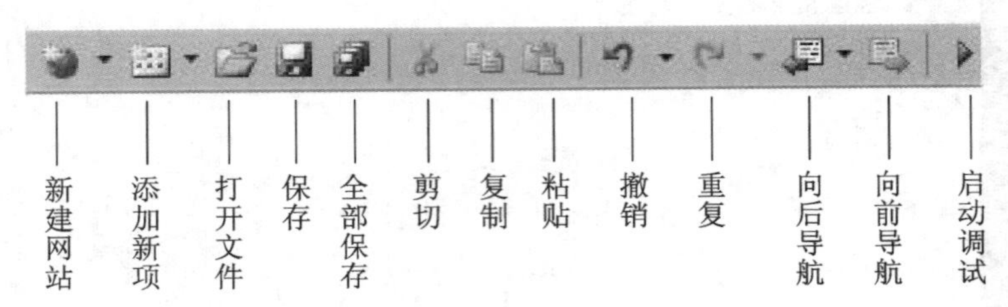

图 2.10 Visual Studio 2010 **标准工具栏**

调试工具栏主要是一些对应用程序进行调试的快捷按钮，如启动调试、全部中断、停止调试等，如图 2.11 所示。

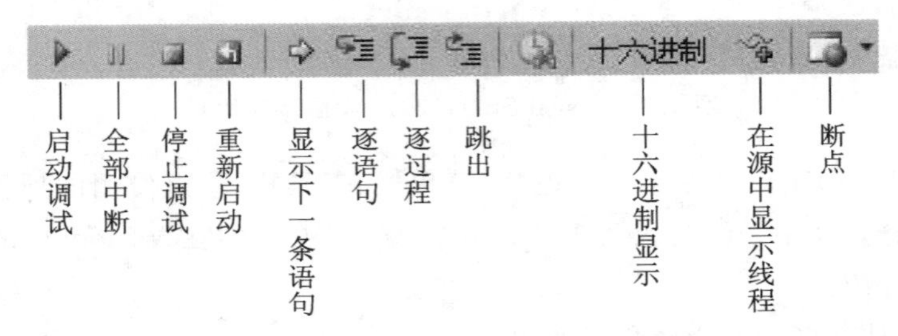

图 2.11 Visual Studio 2010 **调试工具栏**

除了使用工具栏，还可以使用一些常用的快捷键来调试或运行环境，例如：

- 按 F5 键实现调试运行程序。
- 按 Ctrl+F5 键实现不调试运行程序。
- 按 F11 键实现逐语句调试程序。
- 按 F10 键实现逐过程调试程序。

2.3.4 工具箱面板

工具箱面板是 Visual Studio 2010 的重要工具，使用工具箱可以使我们的开发更加快捷、方便，每一个开发人员都必须对这个工具非常熟悉。工具箱提供了项目开发常用的标准控件。通过工具箱，开发人员可以方便地进行可视化的窗体设计，简化了程序设计工作，提高了工作效率。根据控件功能的不同，将工具箱划分为 12 个栏目，如图 2.12 所示。

展开工具箱中的某个栏目，可以看到该栏目下的所有控件，如图 2.13 所示。当需要添加控件时，可以双击所需要的控件直接将控件加载到窗体中，也可以单击选择需要的控件，再将其拖动到窗体上。并不是所有的控件都能在工具箱中找到，可以通过右键菜单(见图 2.14)来实现控件的排序、删除、显示方式设置等。

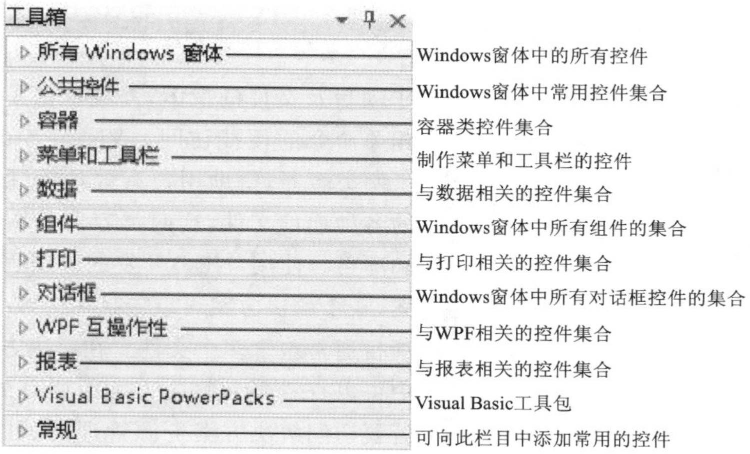

工具箱

所有 Windows 窗体	Windows窗体中的所有控件
公共控件	Windows窗体中常用控件集合
容器	容器类控件集合
菜单和工具栏	制作菜单和工具栏的控件
数据	与数据相关的控件集合
组件	Windows窗体中所有组件的集合
打印	与打印相关的控件集合
对话框	Windows窗体中所有对话框控件的集合
WPF 互操作性	与WPF相关的控件集合
报表	与报表相关的控件集合
Visual Basic PowerPacks	Visual Basic工具包
常规	可向此栏目中添加常用的控件

图 2.12　工具箱面板

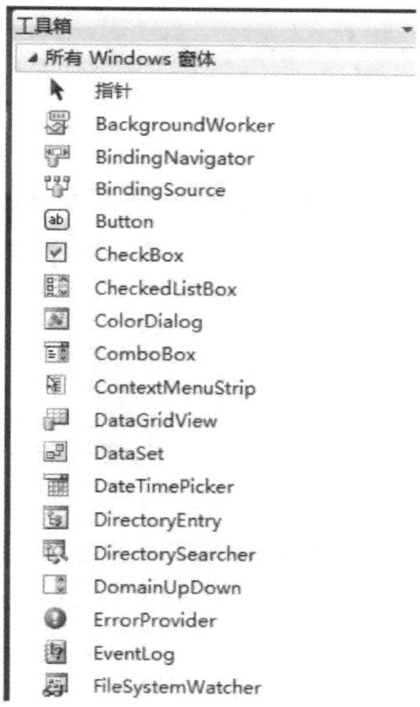

工具箱
所有 Windows 窗体
指针
BackgroundWorker
BindingNavigator
BindingSource
Button
CheckBox
CheckedListBox
ColorDialog
ComboBox
ContextMenuStrip
DataGridView
DataSet
DateTimePicker
DirectoryEntry
DirectorySearcher
DomainUpDown
ErrorProvider
EventLog
FileSystemWatcher

图 2.13　展开后的工具箱面板

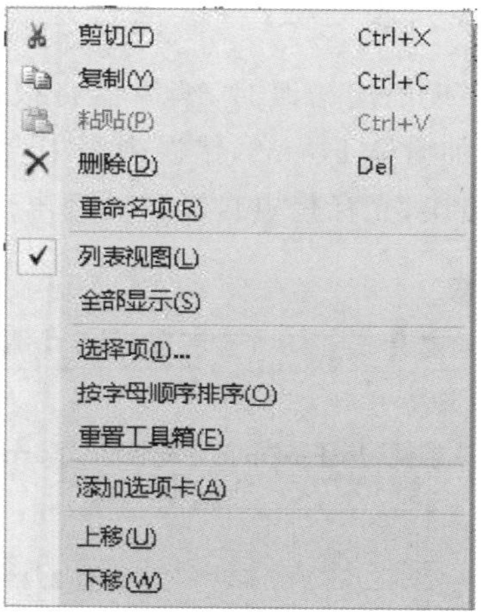

剪切(T)　Ctrl+X
复制(Y)　Ctrl+C
粘贴(P)　Ctrl+V
删除(D)　Del
重命名项(R)
列表视图(L)
全部显示(S)
选择项(I)...
按字母顺序排序(O)
重置工具箱(E)
添加选项卡(A)
上移(U)
下移(W)

图 2.14　工具箱右键菜单

2.3.5　属性面板

选择控件添加到程序后，需要根据需求修改控件属性，这个时候需要使用属性面板。窗体中的各个控件属性都可以通过属性面板来设置。属性面板不仅可以修改属性，还提供了管理控件的事件，方便编程时对事件的处理。

另外，属性面板中各种属性的排序采用了两种方式，分别为按分类方式和按字母顺序方式。用户可以根据自己的习惯采用不同的方式。该面板的下方还有简单的帮助说明，方便开发人员对控件的属性进行操作和修改。属性面板的左侧是属性名称，相对应的右侧是属性值。属性面板如图 2.15 所示。

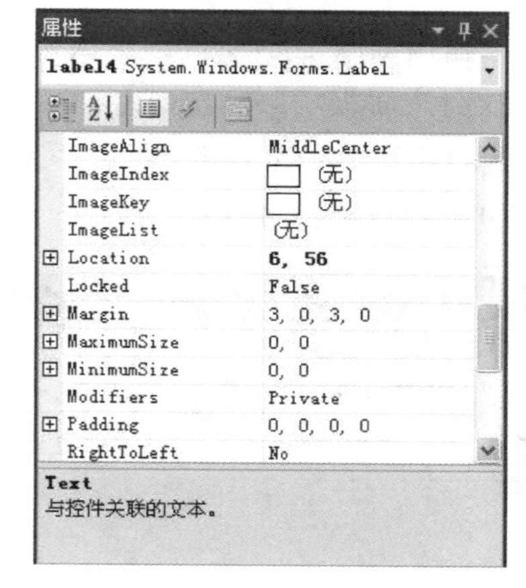

图 2.15　属性面板

2.3.6 解决方案资源管理器

解决方案资源管理器(见图 2.16)提供了项目及文件的视图,并且提供了对项目和文件相关命令的便捷访问。Visual Studio 2010 提供了两类容器,帮助用户有效地管理开发工作所需的各种项目文件,这两类容器分别叫作解决方案和项目。使用.NET 开发的应用程序叫作解决方案,一个解决方案可以包括一个或多个项目,一个项目通常包含多个文件。在解决方案资源管理器中可以查看当前解决方案中所有的项目和文件。若要访问解决方案资源管理器,可选择"视图"→"解决方案资源管理器"命令。

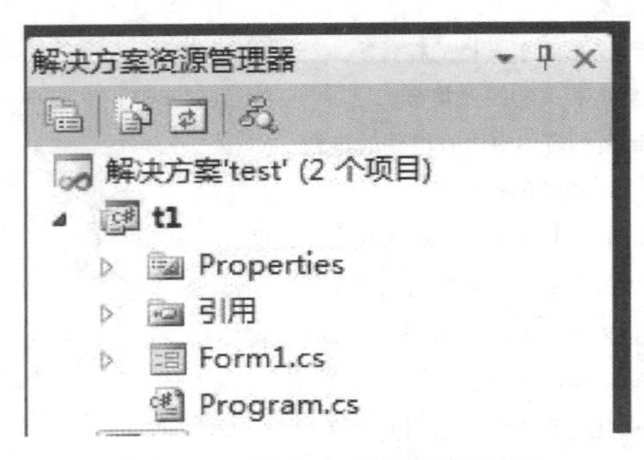

图 2.16 解决方案资源管理器

解决方案包含多个项目时,只有一个项目作为默认的启动项目。启动项目是程序执行的入口,启动项目的文件名在解决方案资源管理器中以粗体显示。

2.3.7 错误列表面板

当程序出现语法错误时,编译器将报错,代码中的错误将在错误列表面板中显示。例如,程序中添加窗体 Form2,错误列表中会显示图 2.17 所示的错误。这个时候可双击错误列表中对应错误,光标焦点自动移动到出现错误所在位置。

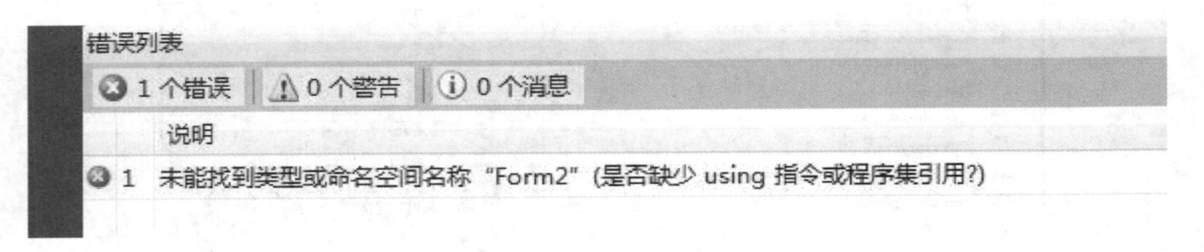

图 2.17 错误列表面板

2.3.8 输出面板

输出面板显示项目的生成情况,在实际编程操作中,每当编程结束调试程序时,我们总会看到该面板,其外观如图 2.18 所示。输出面板提供了一些用户需要的信息,例如,程序是否通过编译,程序在组建过程中所产生的输出信息。它可以让开发者清楚地看到程序各部分的加载与操作过程。

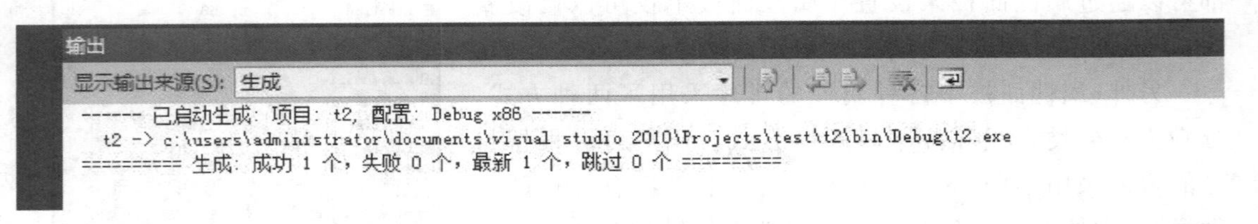

图 2.18 输出面板

2.3.9 调整窗口布局

Visual Studio 2010 中的面板和窗口都是可以根据需要进行调整、合并的。我们在使用 Visual Studio 2010 编程时最好根据自己的使用习惯来调整窗口布局。当多个窗口共同出现在同一屏幕区域时，该屏幕区域内的窗口以选项卡的形式叠放在一起，在最前端显示的窗口为当前活动窗口，使用鼠标选择不同的选项卡可以切换各个窗口。

1. 移动窗口位置

在子窗口标题栏的右侧有一个关闭按钮和一个自动隐藏按钮。单击关闭按钮将关闭窗口；单击自动隐藏按钮，窗口将在自动隐藏状态和显示状态之间切换。

这些子窗口是可以自由移动的，用鼠标按住一个窗口的标题栏，拖动该窗口，屏幕上将会显示出导航按钮，用鼠标拖动窗口至导航按钮中对应的位置，该窗口将要停靠的位置会以半透明蓝色背景显示，选择好位置，松开鼠标，窗口就会移动到选定的位置上了，如图 2.19 所示。

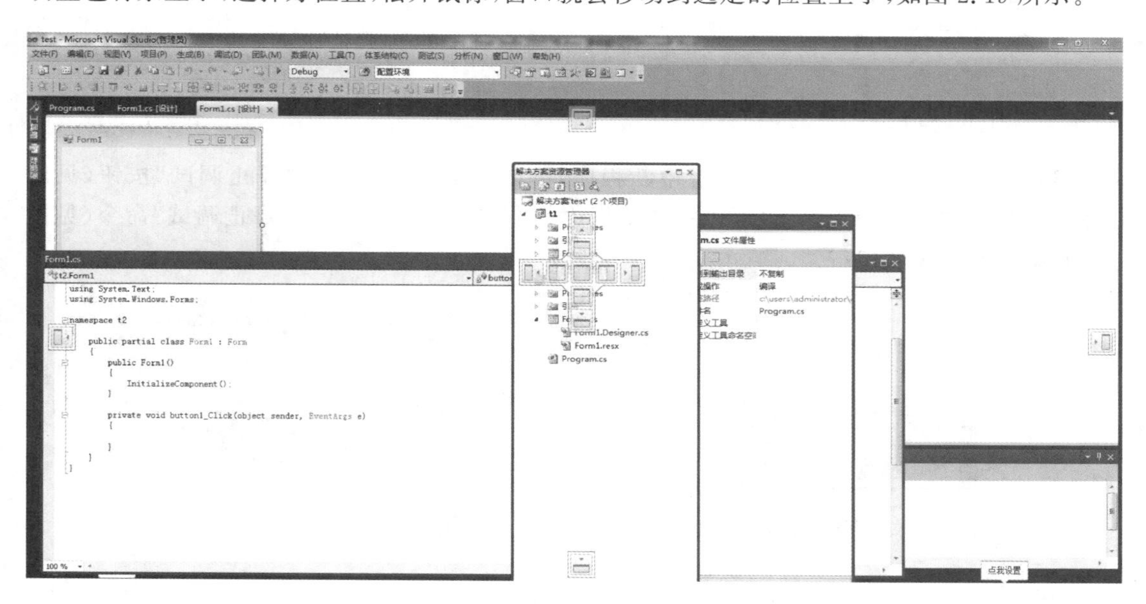

图 2.19 子窗口移动示例

2. 窗口自动隐藏

在编写代码或者设计较大窗体时，我们经常希望用户编辑区越大越好，这时可以利用各个窗口自动隐藏功能隐藏除用户编辑区以外的子窗口，例如将工具箱、属性面板和解决方案资源管理器隐藏等，以此来扩大用户编辑区域。具体操作方法：单击窗口标题栏上的自动隐藏按钮，当其图标变为横向显示时，窗口为自动隐藏状态。窗口自动隐藏后，只是在界面边框上显示一个图标，把鼠标移到这个图标上面，被隐藏的窗口将自动弹出来。

2.4 如何运行程序

Visual Studio 2010 平台已经安装好了，并且我们也根据自己的编程习惯对开发环境进行了调整。现在来了解一下如何运行环境吧！

2.4.1 如何开始运行程序

当我们创建编辑好一个程序之后,要如何运行这个程序呢?我们首先要调试程序,找到工具栏中的"启动调试"(见图 2.20),单击按钮开始运行程序;也可以在菜单栏中选择"调试"→"启动调试"或"开始执行(不调试)"命令(见图 2.21)来开始运行程序。两种命令是有区别的:如果选择"启动调试"命令,则在运行程序过程中会自动判断程序中是否有断点或其他标记,以便进行调试;如果选择"开始执行(不调试)"命令,则在运行程序过程中完全忽略断点或其他标记。

图 2.20 "启动调试"按钮

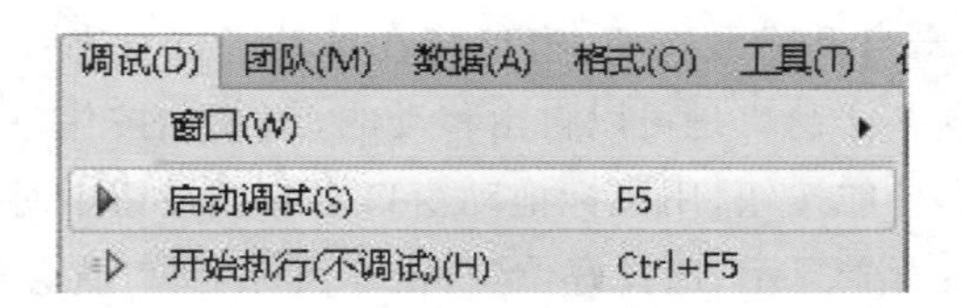

图 2.21 "调试"菜单命令

2.4.2 中断当前程序的运行

当一个程序正在运行时,如果想中断程序,可以单击工具栏中的"停止调试"按钮(见图 2.22)中断正在运行的程序;也可以在菜单栏中的"调试"菜单中选择 "停止调试"命令(见图 2.23)来中断程序的运行。

图 2.22 单击"停止调试"按钮

图 2.23 "停止调试"命令

小 结

本章首先简单介绍了 Visual Studio 2010 开发平台,然后以图文并茂的方式讲解了 Visual Studio 2010 集成开发环境的安装与卸载,并且对 Visual Studio 2010 的菜单栏、工具栏及常用面板进行了详细介绍,最后介绍了运行程序常用的命令。

知 识 点	操 作
菜单栏	菜单栏包括常用的菜单项,例如 "文件""编辑""视图""窗口"和"帮助",还包括一些专门用于编程的功能菜单,例如"调试""工具"和"测试"等
工具栏	为了让操作更加快捷、方便,设置了工具栏,将菜单项中常用的命令按功能分组放入其中。用户在使用这些功能时,可以直接通过工具栏快速地访问常用的菜单命令。常用的工具栏按照功能不同分为标准工具栏和调试工具栏

知 识 点	操 作
工具箱面板	工具箱面板是 Visual Studio 2010 的重要工具，使用工具箱可以使我们的开发更加快捷、方便，每一个开发人员都必须对这个工具非常熟悉。工具箱提供了项目开发常用的标准控件。通过工具箱，开发人员可以方便地进行可视化的窗体设计，简化了程序设计工作，提高了工作效率。根据控件功能的不同，将工具箱划分为 12 个栏目
属性面板	选择控件添加到程序后，需要根据需求修改控件属性，这个时候需要使用属性面板。窗体中的各个控件属性都可以通过属性面板来设置。属性面板不仅可以修改属性，还提供了管理控件的事件，方便编程时对事件的处理
解决方案资源管理器	解决方案资源管理器提供了项目及文件的视图，并且提供了对项目和文件相关命令的便捷访问。Visual Studio 2010 提供了两类容器，帮助用户有效地管理开发工作所需的各种项目文件，这两类容器分别叫作解决方案和项目。使用.NET 开发的应用程序叫作解决方案，一个解决方案可以包括一个或多个项目，一个项目通常包含多个文件。在解决方案资源管理器中可以查看当前解决方案中所有的项目和文件。若要访问解决方案资源管理器，可选择“视图”→“解决方案资源管理器”命令
错误列表面板	当程序出现语法错误时，编译器将报错，代码中的错误将在错误列表面板中显示。错误列表中显示错误时，可双击错误列表中对应错误，光标焦点自动移动到出现错误所在位置
输出面板	输出面板显示项目的生成情况，在实际编程操作中，每当编程结束调试程序时，我们总会看到该面板。输出面板提供了一些用户需要的信息，例如，程序是否通过编译，程序在组建过程中所产生的输出信息。它可以让开发者清楚地看到程序各部分的加载与操作过程

课后练习

一、选择题

1. 在 Visual Studio 2010 平台中，根据需求给控件添加事件，这个时候需要使用________。

A. 工具箱　　B. 解决方案资源管理器　　C. 属性面板　　D. 输出面板

2. 在 Visual Studio 2010 平台中，实现调试运行程序，使用的快捷键是________。

A. F1　　B. F2　　C. F5　　D. F6

3. 在 VS. NET 中，在________中可以查看当前项目的类和类的层次信息。

A. 解决方案资源管理器　　B. 类视图窗口

C. 对象浏览器窗口　　D. 属性窗口

二、填空题

1. Visual Studio 2010 中的所有命令我们都可以在________中找到。

2. 常用的工具栏按照功能不同分为________和________。

3. 当需要添加控件时，可以________所需要的控件直接将控件加载到窗体中，也可以________选择需要的控件，再将其拖动到窗体上。

第3章 第一个 Hello,world! 程序

本章通过建立一个控制台应用程序及一个 Windows 窗体应用程序，实现显示“Hello,world!”功能。分析两个简单程序的编写及运行，掌握 Microsoft Visual Studio 2010 的编程环境，同时帮助我们从命名空间、类、对象以及方法、属性等多方面来认识 C# 语言，最后还介绍了 Visual Studio 2010 编程时应该注意的一些事项。

本章要点

- 控制台应用程序的编程步骤
- 程序的基本结构
- Windows 窗体应用程序的编程步骤
- Windows 窗体应用程序文件夹结构

3.1 控制台应用程序

学习编程语言的第一个程序几乎都是实现“Hello,world!”程序，“Hello,world!”程序是指在计算机屏幕上输出“Hello,world!”字符串的程序。这个程序简洁、实用，结构完善，几乎包含了一个程序所应具有的一切。通过它的学习，我们可以初步了解 C# 编程语言的基本语法结构。

3.1.1 “Hello,world!”控制台应用程序

1. 程序要求

例 3.1 创建一个控制台应用程序，输出“Hello,world!”，显示效果如图 3.1 所示。

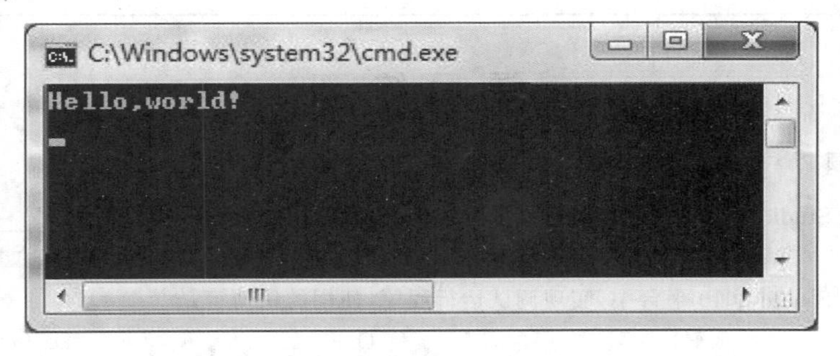

图 3.1 第一个控制台应用程序显示效果

2. 程序目标

(1) 学会创建、编译和执行简单的控制台应用程序。

(2) 掌握 C# 语言的程序结构与书写格式。

(3) 掌握控制台输入和输出方法。

3. 具体步骤

(1) 新建项目：启动 Visual Studio 2010，选择“文件”→“新建”→“项目”菜单命令，打开

"新建项目"对话框,如图 3.2 所示。

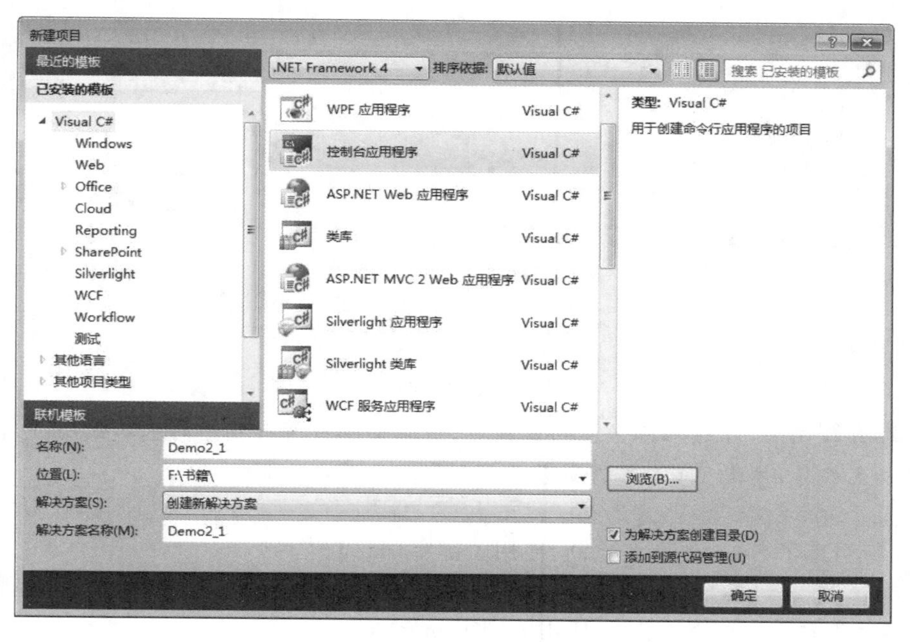

图 3.2 "新建项目"对话框

(2) 在"新建项目"对话框中的"项目类型"选项中选择 Visual C#,这时在"模板"选项中列出了 Visual C# 可以创建的各种项目,选择"控制台应用程序"选项。

(3) 在"名称"文本框中输入"t3-1"作为该项目的名称。

(4) 在"位置"下拉列表框中选择要将该项目保存的路径,或单击"浏览"按钮选择路径,最后单击"确定"按钮。

(5) 程序默认将显示 Program.cs 文件的代码编辑界面。

在 Main()方法中添加如下代码:

```
Console.WriteLine("Hello,world!");
Console.ReadLine();
```

(6) 保存程序。

在 Visual Studio 2010 中,运行一个程序后该程序会被自动保存,如果运行后未做修改,则不需要再保存;如果做过修改而未运行过,则需要保存。保存 C# 程序可采用下面 3 种方法之一:①单击工具栏上的"保存"按钮;②选择"文件"菜单中的"保存"命令;③使用快捷键"Ctrl+S"。

(7) 调试运行程序。

代码编辑完成后需要调试,则可以选择"调试"菜单中的"启动调试"命令,或者单击工具栏上的"启动调试"按钮▶,或者按 F5 键;还可以选择"调试"菜单的"开始执行(不调试)"命令或直接按 Ctrl+F5 快捷键运行程序。

4. 代码详解

如果想查看已经编写好的代码,只需要在解决方案资源管理器窗口中双击 Program.cs,这个文件就会显示在用户编辑区中,文件内容如下:

```
using System;
namespace t3-1
{
    class Program
    {
        static void Main(string[] args)
        {
            Console.WriteLine("Hello, world!");
            Console.ReadLine();
        }
    }
}
```

程序分析 上述程序虽然功能简单，但它却拥有所有程序的基本代码：包含了命名空间、类和主函数，体现了C#程序最基本的结构。

```
using System;
```

第1行引用了System命名空间，使用关键字using。

```
namespace t3-1
```

第2行定义了一个命名空间，使用关键字namespace。

从第3行的"{"到第12行的"}"中所有的内容都属于该命名空间。

```
class Program
```

第4行定义了一个类，类名为Program，使用了关键字class。

从第5行的"{"到第11行的"}"是Program类的类体内容。

```
static void Main(string[] args)
```

第6行定义了一个Main方法，主方法Main是程序的入口点。

```
Console.WriteLine("Hello world!");
```

第8行语句的功能是向显示屏输出双引号之间的字符串。

```
Console.ReadLine();
```

第9行语句的功能是输入一个字符串，在这里是使输出显示暂停，等待用户输入直到按Enter键结束。

3.1.2 背景知识

1. 了解C#应用程序文件夹结构

想要查看C#应用程序文件夹的结构，可以在Visual Studio 2010提供的解决方案资源管理器窗口中查看。解决方案资源管理器窗口的主要功能是管理解决方案中包含的各种文件，如图3.3所示。

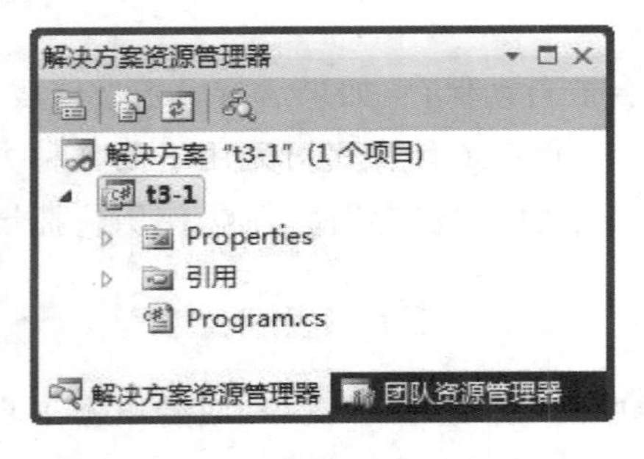

图3.3 解决方案资源管理器窗口

新建项目时，需要指定保存路径、项目名称和解决方案名称，Visual Studio 2010将在指定的保存路径中创建一个与解决方案名称同名的文件夹t3-1，这是解决方案文件夹。解决方案可以包含一个或多个项目。解决方案文件夹t3-1下有一个t3-1文件夹，这是项目文件夹。

解决方案文件夹t3-1下会自动生成t3-1.sln文件，这是解决方案文件。它保存了解决方案包含的所有项目的信息以及解决方案项目等内容，打开这个文件可以打开整个解决方案。

创建项目成功后，在项目文件夹 t3-1 中会生成一个 Program. cs 文件。它是程序源文件，我们编写的控制台应用程序的代码就在该文件中，C＃系统中的源文件以 cs 作为扩展名。

程序编译成功后，会在文件夹 bin\Debug 中生成 t3-1. exe 文件。它是项目编译运行成功后生成的可执行文件，可以直接执行。

2. 了解应用程序的结构

C＃程序基本上是由以下几部分组成的。

(1) 命名空间：包含一个或多个类，例如上题代码中的"namespace t3-1"。

(2) 类：C＃中程序的变量与方法必须定义在类的内部。

(3) Main()方法：主程序的入口，每个程序有且仅有一个 Main()方法。

(4) 关键字：也叫保留字，是对 C＃有特定意义的字符串。关键字在 VS. NET 环境的代码视图中默认以蓝色显示。例如，代码中的 using、namespace、class、static、void、string 等均为 C＃的关键字。

(5) 大括号：在 C＃中，大括号"{"和"}"是一种范围标志，表示代码层次的一种方式。大括号可以嵌套，以表示应用程序中的不同层次。例如，例 3.1 中的命名空间"t3-1"下的大括号表示该命名空间的代码范围，类"Program"下的大括号表示该类的代码范围，方法"Main"下的大括号表示该方法的代码范围，大括号必须成对出现。方法包含于类中，类包含于命名空间中。

3. 规范书写格式

1) 使用缩进

不规范的书写格式会增加我们程序阅读难度。统一的结构、规范的书写格式可使程序层次分明，结构清晰，是一种良好的编程习惯，也是程序员素质的体现。

在编程时，使用缩进可以表示代码结构层次。虽然缩进不是必需的，但使用缩进可使代码的逻辑结构变得更加明显，因此在程序设计中应该使用统一的缩进格式书写代码。使用缩进的规律一般如下：命名空间及其对应的大括号顶格书写，类及其对应的大括号向内缩进一个制表位，类中的变量、方法及其对应的大括号向内缩进一个制表位，方法中的语句向内缩进一个制表位。其实，在 Visual Studio 2010 中系统会自动进行缩进调整。

2) 注意字母的大小写

C＃是对字母大小写敏感的语言，同一字母的大小写会被当作两个不同的字符。例如，大写"A"与小写"a"对于 C＃来说是两个不同的字符。

3) 不要忘了给程序加注释

编码时一定不要忘记为代码写注释，注释是给程序员看的，用于提高程序的可读性，它不会对程序产生任何影响，不会被编译。

C＃中的注释方式有如下 3 种。

单行注释：以双斜线"//"开始，一直到本行尾部，均为注释内容。

多行注释：以"/ * "开始，以" * /"结束，可以注释多行，也可以注释一行代码中间的一部分，比较灵活。

文档注释：以"///"开始，若有多行文档注释，每一行都以"///"开头。

例如：

```
using System;
namespace t3_1//定义命名空间
{
    ///< summary>
    ///该程序向控制台输出“Hello,world!”
    ///作者:pan
    ///日期:2017-10-4
    ///</summary>
  class Program//定义类
  {
      static void Main(string[]args)//主方法
      {
          /*
          此处添加代码
          * /
          Console.WriteLine("Hello, world!");
          Console.ReadLine();
      }
  }
}
```

4. 学会使用控制台的输入/输出

在控制台中实现输入/输出功能的是 Console 类。控制台的默认输出是屏幕，默认输入是键盘。Console 常用的方法主要有 Read()、ReadLine()、Write()和 WriteLine()，如表 3.1 所示。其中，Write()方法和 WriteLine()方法都用于向屏幕输出指定的内容，不同的是，WriteLine()方法除了输出所指定的内容外，还会在结尾处输出一个换行符，使后面的输出内容从下一行开始输出。Read()方法用于从键盘读入一个字符，并返回这个字符的编码。ReadLine()方法用于从键盘读入一行字符串，并返回这个字符串。

表 3.1　Console 类常用的方法

方法名称	功　能
Read()	从键盘读入一个字符
ReadLine()	从键盘读入一行字符串，直到换行符结束
Write()	输出一行文本
WriteLine()	输出一行文本，并在结尾处自动换行

1) Write()方法和 WriteLine()方法

Write()方法和 WriteLine()方法的语法格式基本一致，这里以 WriteLine()方法为例介绍控制台输出。Console. WriteLine()方法有如下 3 种格式。

格式 1：

Console. WriteLine()；

功能：向控制台输出一个空行。

格式 2：

Console. WriteLine("输出字符串")；

功能：向控制台输出一个指定字符串并换行。

例如：

```
Console.WriteLine("Hello,world!");
```

功能是向屏幕输出“Hello，world！”并换行。

格式3：

Console.WriteLine("格式字符串",输出列表);

功能：按照“格式字符串”指定的格式向控制台输出“输出列表”中指定的内容。例如：

```
string name="lily"
Console.WriteLine("你好,{0}。欢迎进入C#世界!",name);
```

这里，“你好，{0}。欢迎进入C＃世界！”是格式字符串，name是输出列表中的一个变量。格式字符串一定要有双引号，其中，{0}称为占位符，它所占的位置就是name变量的位置。这两个语句的执行结果是向屏幕输出“你好，lily。欢迎进入C＃世界！”并换行。

例3.2 使用Console.WriteLine()，实现控制台输出。

具体实现步骤如下：

（1）新建一个空白解决方案t3-2和项目t3-2项目模板：控制台应用程序。

（2）添加如下代码：

```
using System;
namespace t3_2
{
    class Program
    {
        static void Main(string[] args)
        {
            string name="潘天恒";
            string date="2017";
            Console.WriteLine();
            Console.WriteLine("*******************************");
            Console.WriteLine("作者:{0},日期:{1})", name,date);
            //Console.WriteLine("作者:"+name+",日期:"+date+")");
            Console.WriteLine("*******************************");
            Console.ReadLine();
        }
    }
}
```

（3）运行程序，单击“调试”菜单下的“开始执行(不调试)”或者按快捷键Ctrl＋F5，结果如图3.4所示。

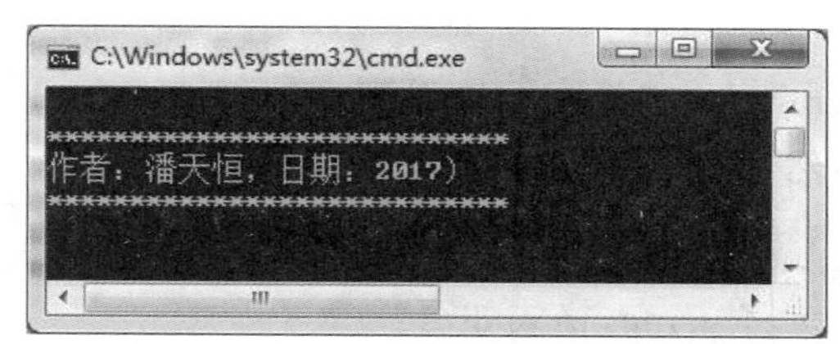

图3.4　例3.2的输出结果

代码详解 格式字符串中的占位符个数必须与输出列表中的输出项个数相等，如果输出列表中有多个输出项，则在格式字符串中需要有相同数量的占位符，依次标识为{0}、{1}、{2}……占位符必须以{0}开始，本题中{0}对应输出列表中的第一个输出项 name，{1}对应输出列表中的第二个输出项 date。输出时，格式字符串中占位符被对应的输出列表项的值所代替，而格式字符串的其他字符则原样输出。

另外，还可以使用"+"连接符输出字符串，把示例中的语句：

```
Console.WriteLine("作者:{0},日期:{1})", name,date);
```

修改为：

```
Console.WriteLine("作者:"+name+",日期:"+date+")");
```

程序的输出结果与图 3.4 相同。

2) Read()和 ReadLine()方法

想要实现接收从键盘上输入的数据的功能需要调用 Console 类中的 Read()与 ReadLine()方法。以 Console. ReadLine()方法为例，从控制台输入数据，其语法格式如下：

Console. ReadLine();

功能：从控制台输入一行字符串，以回车键表示结束。

执行这个语句将直接返回一个字符串，因此可以把方法的返回值赋给一个字符串变量。例如，输入一个用户的姓名，代码如下：

```
string name=Console.ReadLine();     //输入姓名
```

姓名是字符串类型，可以直接输入。如果要输入该用户的年龄，那么就需要做如下的类型转换：

```
int age=Convert.ToInt32(Console.ReadLine());
```

int. Parse()方法的作用是把输入的字符串转换为整型，在后续章节中会继续讨论这个问题。

3.1.3 需要注意的几点

1. 命名空间

定义命名空间的关键字为 namespace。命名空间的"{}"内部应包含类，可看作是对类进行分类的一种分层组织系统。命名空间有两种：一种是系统命名空间，另一种是用户自定义命名空间。系统命名空间是 Visual Studio 2010 提供的系统预定义的命名空间。用户自定义命名空间由用户定义，定义命名空间格式如下：

```
namespace  命名空间名
{
…//类的定义
}
```

例如，在 t3-1 的 Program. cs 文件中可以看到 Visual Studio 2010 自动以项目名称"t3-1"作为命名空间名称。当然，用户也可以自己对命名空间命名。

2. 引用命名空间

引用命名空间使用关键字 using，格式如下：

using 命名空间名;

系统预定义的命名空间中有大量工具可供我们编程使用。但是在使用前，我们需要在程序中加入引用。System 命名空间是 Visual Studio 2010 中最基本的命名空间，其提供了构建应用程序时所需的所有系统功能，因此在创建项目时，系统都会使用“using System;”自动导入该命名空间，并且放在程序代码的起始处。

3. 定义类

定义类使用关键字 class。C# 是完全面向对象的编程语言，用户编写的所有代码都应该包含在类里面，C# 程序至少包括一个自定义类。在 t3-1 的 Program.cs 文件中，Visual Studio 2010 自动以 Program 作为类名定义了一个类，用户也可以修改这个类名。

4. Main()方法

Main()方法有且只能有一个，它是程序的入口点。这里，Main()是 Program 类的成员，是一个方法（函数）。C# 中的 Main()方法有以下 4 种：

```
static void Main(string[] args){}
static void Main(){}
static int Main(string[] args){}
static int Main(){}
```

用户可以根据需要选择使用哪种形式，控制台应用程序模板自动生成的是第一种形式。

3.2 Windows 窗体应用程序

3.2.1 “Hello, world!”Windows 窗体应用程序

例 3.3 创建一个 Windows 窗体应用程序，单击 button1 按钮，可在标签中显示文字“Hello, world!”；单击 button2 按钮，可清除标签中的内容，显示效果如图 3.5 和图 3.6 所示。

图 3.5 单击 button1 按钮的效果

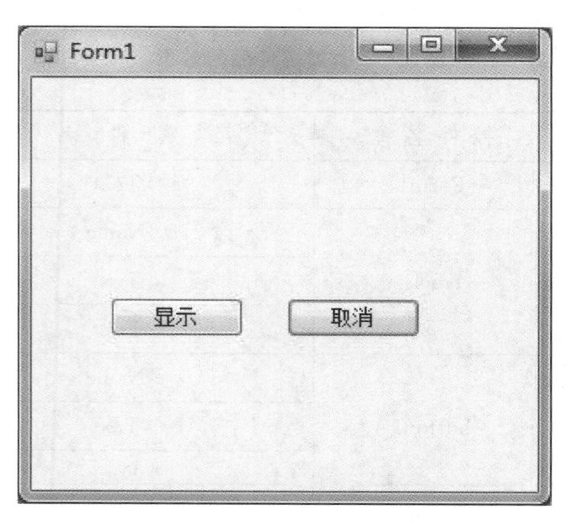

图 3.6 单击 button2 按钮的效果

1. 程序目标

(1) 掌握使用 Visual Studio 2010 平台创建 Windows 窗体应用程序。

(2) 初步掌握面向对象的基本概念。

(3) 熟悉使用窗体、标签和按钮控件编程。

2. 具体步骤

(1) 新建项目:启动 Visual Studio 2010,选择“文件”→“新建”→“项目”菜单命令,打开“新建项目”对话框。

(2) 在“新建项目”对话框中的“项目类型”选项中选择 Visual C#,这时在“模板”选项中列出了 Visual C#可以创建的各种项目,选择“Windows 窗体应用程序”选项。

(3) 在“名称”文本框中输入“t3-3”作为该项目的名称。

(4) 在“位置”下拉列表框中选择要将该项目保存的路径,或单击“浏览”按钮选择路径,最后单击“确定”按钮。

(5) Visual Studio 2010 自动打开设计视图,并自动生成一个 Windows 窗体。该窗体的名称默认为 Form1,保存在窗体文件中,窗体文件名称默认为“Form1.cs”。双击解决方案资源管理器的窗体文件,或者选择“视图”菜单中的“视图设计器”命令来打开窗体的设计视图。

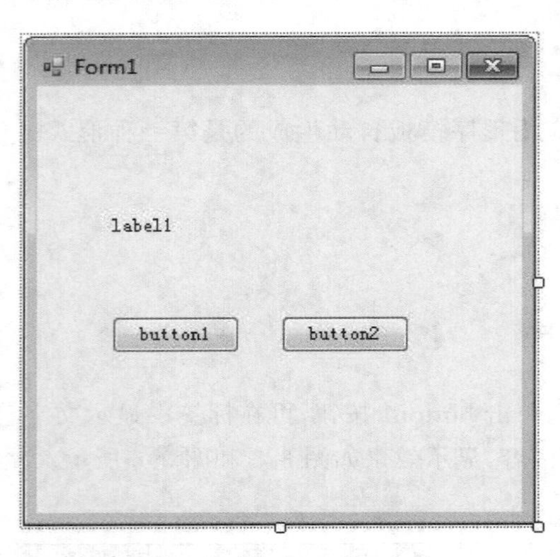

图 3.7 添加控件后的效果

(6) 根据题目要求需要给窗体添加一个标签控件和两个按钮控件。找到工具箱中的相应控件,将其拖放到窗体上,或直接双击工具箱中需要添加的控件。给窗体添加完控件后,使用鼠标拖动控件调整控件的位置和大小,如图 3.7 所示。

(7) 需要设置控件属性,鼠标右键单击控件,在 Visual Studio 2010 的右侧会出现属性面板。可以通过设置控件属性来调整控件状态。按照表 3.2 所示,设置各个对象的属性。界面设计到此已经完成。按 F5 键运行程序,可以运行 Form1 窗体界面。但是单击“显示”或“清空”按钮却没有任何反应。所以接下来,我们要为按钮添加响应的事件。

表 3.2 例 3.3 控件对象的属性设置

控件名称	属性名	属性值
Form1	Text	第一个 Windows 程序
label1	Name	label1
	Text	“”
	Font	宋体,9pt
button1	Name	button1
	Text	显示
	Font	宋体,9pt
button2	Name	button2
	Text	清空
	Font	宋体,9pt

(8) 添加控件的响应事件。在设计视图中双击 button1 按钮可以给 button1 添加 Click 单击事件。双击按钮后将打开代码视图。可以看到,Visual Studio 2010 已经自动添加了 button1 按钮的 Click(单击)事件处理方法 button1_Click()。将光标定位在 button1_Click()方法的一对大括号之间,button1 按钮的 Click 事件处理方法代码如下:

```
private void button1_Click(object sender, EventArgs e)
{
    label1.Text="Hello, world!";
}
```

在设计视图中双击 button2 按钮,Visual Studio 2010 自动添加了 button2 按钮的 Click(单击)事件处理方法 button2_Click()。button2 按钮的 Click 事件处理方法代码如下:

```
private void button2_Click(object sender, EventArgs e)
{
    Label1.Text="";
}
```

添加 Click 事件处理方法后的代码如图 3.8 所示的。

```
7   using System.Text;
8   using System.Windows.Forms;
9
10  namespace t3_3
11  {
12      public partial class Form1 : Form
13      {
14          public Form1()
15          {
16              InitializeComponent();
17          }
18
19          private void button1_Click(object sender, EventArgs e)
20          {
21              label1.Text = "Hello,world!";
22          }
23
24          private void button2_Click(object sender, EventArgs e)
25          {
26              label1.Text = "";
27          }
28      }
29  }
30
```

图 3.8 添加 Click 事件后的代码

最后要保存程序,选择“文件”菜单项的“保存”命令或单击工具栏上的“保存”按钮,然后按 F5 键或 Ctrl+F5 快捷键运行该程序,在 Form1 窗体中单击 button1 按钮验证是否能显示“Hello,world!”,单击 button2 按钮验证是否能清除标签中的内容。

3. 代码详解

(1) button1 按钮单击事件处理代码:

```
label1.Text="Hello, world!";
```

语句“label1. Text="Hello,world!";”的功能是将标签对象 label1 的 Text 属性值设置为字符串“Hello,world!”。注意:赋给 Text 属性的值必须是字符串。

(2) button2 按钮事件处理代码：

```
label1.Text="";
```

语句“label1. Text＝"";”的功能是将标签对象 label1 的 Text 属性值设置为空字符串，即清空标签。

3.2.2 背景知识

1. 面向对象基本概念——对象、类、属性和方法

1) 类和对象

C＃是面向对象程序设计语言，在 C＃编程中“万事万物皆对象”。以例 3.3 为例，创建 Windows 窗体应用程序时，默认生成的 Form1 就是一个对象。Form1 中添加的 1 个标签控件和两个按钮控件都是对象。同一种类型的对象属于同一种类，类是对事物的定义，对象是事物本身。Visual Studio 2010 工具箱中其实存放了很多控件类，包括标签类、按钮类等。向程序添加控件，其实就是由控件类创建了一个控件对象。例如，添加多个按钮就是由按钮控件类创建了多个按钮对象。

2) 属性

在 Form1 中的两个按钮都有自己的特征和行为。对象的静态特征称为对象的属性，如按钮的颜色、大小、位置等。同类对象具有相同的属性，但是可以有不同的属性值。例如，两个按钮都有 Text 属性，一个是“显示”，一个是“清空”。可以通过修改属性值来改变控件的状态，也可以读取这些属性值来完成某个特定操作。

3) 方法

方法是对象的行为特征，是一段可以完成特定功能的代码，如“Form1. Show()”即为窗体 Form1 的显示方法等。

2. 控件的响应事件

当单击 button1 和 button2 按钮时，程序会有相应的响应。这种通过对控件操作产生的响应可称为事件。当用户或系统触发某个特定动作时，对象就会响应事件，实现预先编订好的功能。这种通过随时响应用户或系统触发的事件，并做出相应响应的机制就叫作事件驱动机制。响应事件时，执行的代码称为事件处理程序。

3.2.3 了解 Windows 窗体应用程序中的控件

1. Form 窗体

窗体(Form)是 C＃编程中最常见的控件，它像个大容器一样，其他控件对象都必须放置在这个容器上。例 3.3 中，在创建 C＃的 Windows 窗体应用程序时，Visual Studio 2010 自动添加一个窗体 Form1。

窗体常用的属性如表 3.3 所示。设置或修改这些属性可以改变窗体的状态。属性的设置或修改的方法有两种：一种是在设计窗体时，通过属性窗口进行设置，选中要修改属性的控件，直接在属性窗口中找到相应属性，修改属性值即可；另一种是在程序运行时，通过代码来实现。通过代码设置属性的一般格式为：

对象名.属性名＝属性值；

例如，要把名为 Form1 的标题修改为“Hello，world!”，代码如下：

```
Form1.Text="Hello,world!";
```

表 3.3 窗体常用属性

属性	说明
Name(名称)	窗体的名称，可以在代码中标识窗体
BackColor(背景颜色 1)	窗体的背景色
BackgroundImage(背景图像)	窗体的背景图案
Font(字体)	窗体中控件默认的字体、字号、字形
ForeColor(前景色)	窗体中控件文本的默认颜色
MaximizeBox(最大化按钮)	窗体是否具有最大化、还原按钮，默认为 true
MinimizeBox(最小化按钮)	窗体是否具有最小化按钮，默认为 true
ShowlnTaskbar(在任务栏显示)	确定窗体是否出现在任务栏，默认为 true
Text(文本)	窗体标题栏中显示的标题内容

窗体的常用方法如表 3.4 所示，通过调用这些方法可以实现一些特定的操作。

表 3.4 窗体常用方法

方法	说明
Hide()	隐藏窗体
Show()	显示窗体
Close()	关闭窗体

调用方法的一般格式为：

对象名.方法名(参数列表)

例如：

```
Form1.Hide();
```

需要指出的是，静态方法可以由类名直接调用，其格式如下：

类名.方法名(参数列表)

窗体的常用事件如表 3.5 所示。

表 3.5 窗体常用事件

事件	说明
Load 事件	窗体加载事件，窗体加载时发生
Activated 事件	窗体激活事件，窗体被代码(或用户)激活时发生
FormClose 事件	窗体关闭事件，窗体被用户关闭时发生
MouseClick 事件或 Click 事件	鼠标单击事件，用户单击窗体时发生
MouseDoubleClick 事件	鼠标双击事件，用户双击窗体时发生

2. 按钮控件

按钮(Button)控件用于接收用户的操作信息,并激发相应的事件,是用户与程序实现交互的主要方法之一。按钮的主要属性和事件如表 3.6 所示。

表 3.6 按钮常用属性和事件

属性和事件	说　明
Name 属性	按钮名称,在代码中作为按钮标识
Text 属性	按钮显示的文本内容
TextAlign 属性	按钮上文本的对齐方式
Click 事件	鼠标单击按钮事件,用户单击按钮时发生

3. 标签控件

标签(Label)控件用于获取用户输入的信息或向用户显示文本信息。标签的主要属性如表 3.7 所示。

表 3.7 标签常用属性

属　性	说　明
MaxLength(最大长度)	标签可以输入或粘贴的最大字符数
Name	标签名称,在代码中作为标签标识
Text	标签内容
TextAlign	标签内文本的对齐方式

4. 控件的基本操作

1) 添加控件

从工具箱中添加控件的方法主要有 3 种:一是单击工具箱中欲添加的控件,然后在窗体的相应位置单击;二是直接从工具箱中拖动欲添加的控件到窗体中的相应位置;三是双击工具箱中欲添加的控件,窗体中就添加了一个控件,双击多次可添加多个。

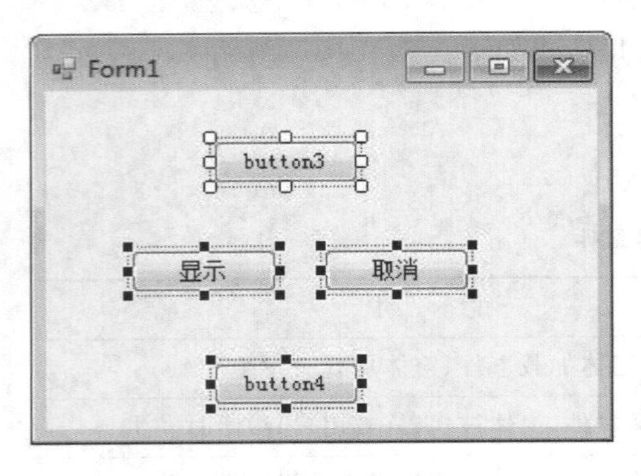

图 3.9 控件布局前的界面

2) 对控件进行布局

当窗体中添加了多个控件,想要快速对其进行布局,首先选中需布局的控件,被选中的控件周围会出现 8 个方块状控制点,当选中多个控件时,其中有一个控件周围的控制点为空心小方块,该控件称为基准控件,图 3.9 中的 button3 就是基准控件。当对选中的控件进行对齐、大小、间距调整时,系统会自动以基准控件为准进行调整。

Visual Studio 2010 提供了实现空间布局的命令。首先找到"格式"菜单,通过"格式"菜单的"对齐"命令可把所选控件调整为与基准控件对齐,通过"格式"菜单的"使大小相同"命令可把控件大小调整为与基准控件相同,通过"水平间距""垂直间距"命令可调整各控件间的距离。

3.2.4 需要注意的几点

1. Main()方法

和控制台应用程序一样，Main()方法包含在 Program. cs 文件中，其代码都是自动生成的。其中的语句“Application. Run(new Form1())”的功能是运行窗体，我们可以通过修改这条语句改变应用程序的启动窗口，其他语句不用理会。

2. Windows 窗体应用程序文件夹结构

在创建、运行 Windows 窗体应用程序以后，我们可以来看看 Windows 窗体应用程序的文件夹结构。与控制台应用程序类似，Windows 窗体应用程序也包含了解决方案名称和项目名称。其中，主要应了解以下 3 个文件。

- Program. cs 文件：主程序文件，包含了作为程序入口的 Main()方法。
- Form1. cs 文件：窗体文件，程序员对窗体编写的代码都保存在这个文件中。
- Form1. Designer. cs 文件：窗体设计文件。该文件中的代码是程序员在拖放控件、设置控件属性时由 Visual Studio 2010 自动生成的，一般不需要程序员直接操作这个文件。

小　　结

本章通过创建控制台应用程序和 Windows 窗体应用程序来实现“Hello，world!”功能，说明了 Visual Studio 2010 集成开发环境的使用方法，并讲述了控制台应用程序和 Windows 窗体应用程序的创建、编译和运行的方法，以及 C# 程序代码的基本结构和书写格式。另外，还介绍了控制台的输入/输出方法，并初步认识了类、对象、属性和方法等概念。

<table>
<tr><th>知　识　点</th><th>操　　作</th></tr>
<tr><td>“Hello，world!”控制台应用程序</td><td><pre>using System;
namespace t3-1
{
    class Program
    {
        static void Main(string[] args)
        {
            Console. WriteLine("Hello, world!");
            Console. ReadLine();
        }
    }
}</pre></td></tr>
<tr><td>了解应用程序的结构</td><td>(1) 命名空间：包含一个或多个类，例如上面代码中的“namespace t3-1”。
(2) 类：C# 中程序的变量与方法必须定义在类的内部。
(3) Main()方法：主程序的入口，每个程序有且仅有一个 Main()方法。
(4) 关键字：也叫保留字，是对 C# 有特定意义的字符串。关键字在 VS. NET 环境的代码视图中默认以蓝色显示。例如，代码中的 using、namespace、class、static、void、string 等均为 C# 的关键字。
(5) 大括号：在 C# 中，大括号“{”和“}”是一种范围标志，表示代码层次的一种方式。大括号可以嵌套，以表示应用程序中的不同层次</td></tr>
</table>

续表

知　识　点	操　　作

“Hello，world!”Windows 窗体应用程序	private void button1_Click(object sender，EventArgs e)
	{
	label1. Text＝"Hello，world!"；
	}

控件的基本操作	1. 添加控件； 2. 对控件进行布局
Windows 窗体应用程序文件夹结构	Program. cs 文件：主程序文件，包含了作为程序入口的 Main()方法。 Form1. cs 文件：窗体文件，程序员对窗体编写的代码都保存在这个文件中。 Form1. Designer. cs 文件：窗体设计文件。该文件中的代码是程序员在拖放控件、设置控件属性时由 Visual Studio 2010 自动生成的，一般不需要程序员直接操作这个文件

课后练习

一、填空题

1. . NET 体系结构的核心是________。

2. 命名空间是类的组织方式，C＃使用关键字________来声明命名空间，使用关键字________来导入命名空间；如果要使用某个命名空间中的类，还需添加对该类所在________的引用。

3. 要使 Label 控件显示给定的文字“您好!”，应在设计状态下设置它的________属性值。

4. C＃程序必须包含并且只包含一个的方法(函数)是________，它是程序的入口点。

5. C＃程序中的语句必须以________作为语句结束符。

6. Console 类是 System 命名空间中的一个类，用于实现控制台的基本输入/输出，该类中有两个常用的方法，一个是功能为“输出一行文本”的方法________，另一个是功能为“输入一行文本”的方法________________。

7. 在 C＃程序中，程序的执行总是从________方法开始的。

8. 在 C＃中，进行注释有三种方法：使用“//”、“/ *　　　* /”和“///”符号。其中________只能进行单行注释。

9. 要在控制台应用程序运行时输出信息，可使用 Console 类的________方法。

二、选择题

1. 以下关于控制台应用程序和 Windows 窗体应用程序的叙述中正确的是________。

A. 控制台应用程序中有一个 Main 静态方法，而 Windows 窗体应用程序中没有

B. Windows 窗体应用程序中有一个 Main 静态方法，而控制台应用程序中没有

C. 控制台应用程序和 Windows 窗体应用程序中都没有 Main 静态方法

D. 控制台应用程序和 Windows 窗体应用程序中都有一个 Main 静态方法

2. C＃程序以________作为源文件的扩展名。

A. c　　　　B. cpp　　　　C. cs　　　　D. exe

3. 关于 C＃程序的书写格式，以下说法中错误的是________。

A. 缩进在程序中是必需的

B. C#是大小写敏感的语言，它把同一字母的大小写当作两个不同的字符对待

C. 注释是给程序员看的，不会被编译，也不会生成可执行代码

D. 在 C#中，大括号"{"和"}"是一种范围标志，大括号可以嵌套

4. 假设变量 x 的值为 25，要输出 x 的值，下列正确的语句是________。

A. System. Console. writeline("x")；

B. System. Console. WriteLine("x")；

C. System. Console. WriteLine("x={0}", x)；

D. System. Console. WriteLine("x={x}")；

5. 关于 C#程序，下列不正确的说法是________。

A. 定义命名空间使用"namespace"关键字

B. 一行可以写多条语句

C. 一条语句可以写成多行

D. 一个类中只能有一个 Main()方法，因此多个类中可以有多个 Main()方法

6. C#应用程序项目文件的扩展名是________。

A. csproj　　B. cs　　C. sln　　D. suo

7. C#应用程序解决方案文件的扩展名是________。

A. csproj　　B. cs　　C. sln　　D. suo

8. 运行 C#程序可以通过按________键实现。

A. F5　　B. Alt+F5　　C. Ctrl+F5　　D. Alt+Ctrl+F5

9. 以下对 Write() 和 WriteLine()方法的叙述中正确的是________。

A. Write()方法在输出字符串的后面添加换行符

B. 使用 Write()方法输出字符串时，光标将会位于字符串的后面

C. 使用 Write()方法和 WriteLine()方法输出数值变量时，必须先将数值转换成字符串

D. 使用不带参数的 WriteLine()方法时，将不会产生任何输出

10. C#中引用某一命名空间的关键字是________。

A. use　　B. using　　C. import　　D. include

11. 控制台应用程序使用________命名空间中的类处理输入和输出。

A. System

B. System. Web

C. System. Windows. Forms

D. System. Data

12. 以下对 Read() 和 ReadLine()方法的叙述中正确的是________。

A. Read()方法一次只能从输入流中读取一个字符，返回该字符的 ASCII 码值

B. Read()方法一次可以从输入流中读取一个字符串

C. ReadLine()方法一次只能从输入流中读取一个字符

D. ReadLine()方法只有当用户按下 Enter 键时返回，而 Read()方法不是

三、简答题

1. 简述 C#程序的组成要素。

2. 简述 Windows 窗体应用程序的编写步骤。

第4章 数据类型、运算符和表达式

在上一章我们讲了如何使用 Microsoft Visual Studio 2010 平台开发简单的应用程序。本章我们开始真正学习如何编写 C# 代码。

本章要点

- 值类型和引用类型数据的使用
- 运算符与表达式的使用
- 运算符的优先级

4.1 数据类型

计算机重要的一个功能就是处理数据，在现实中数据的含义非常广泛，数字、字符、时间、各种符号，包括我们在网上看到的图片、文字、声音、电影等都属于数据。这么多数据，计算机是如何存储、运算的呢？我们可以思考一下图书馆里有很多的书，但是读者却可以很快地找到想要的书。为什么呢？原因是图书馆的书籍都按照内容分好了类，相关内容的书籍放在同一区，读者喜欢哪类书籍，只要找到相应的区域就可以很快找到。计算机对于数据的管理也是这样，把各种各样的数据按照内容的不同分好类，这就是我们常说的数据类型。

C# 是非常接近人类语言的一种编程语言，但它毕竟是程序语言，所以总会和日常用语有所不同，例如，我们在看待 1 和 1.0 这两个数时会认为代表相同的数值，没有区别。然而对于计算机来说，这两个数的类型是不同的。

C# 的数据类型总体可分两大类：值类型和引用类型。图 4.1 为数据类型分类。

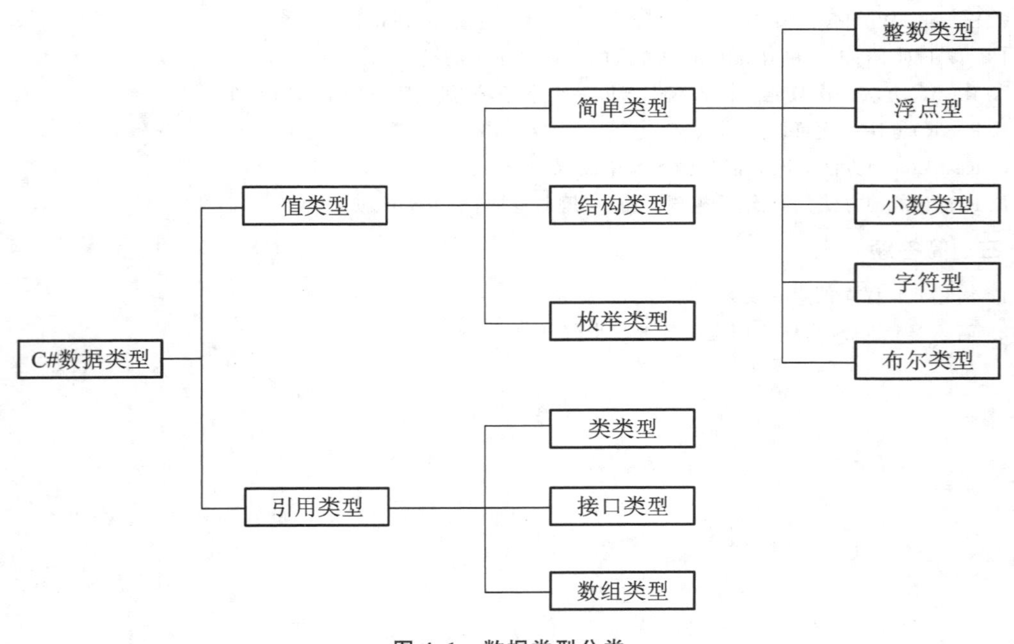

图 4.1 数据类型分类

记住，C# 是强类型语言，变量必须经过定义才能使用。

本章主要介绍值类型，其他类型将在以后相应章节介绍。

4.2 值类型

值类型(value types)可以在它定义的变量中直接存储自己的数据，在对其变量进行操作时也可以直接修改存储的数据。值类型的变量占用堆栈内存的空间，因此执行起来效率很高。

4.2.1 简单类型

简单类型(simple types)就是组成应用程序中基本构件的类型，例如，数值和布尔值(true 或 false)。简单类型与复杂类型不同，没有子类型或特性。简单类型包含整数类型、字符型、浮点型、小数类型和布尔类型。

1. 整数类型

整数类型是 C# 中数值类型的一种，它包含了 8 种不同的数据类型。存储整数值需要这么多种类型吗？只用一种类型不可以吗？数值类型有多种的原因是为了节省计算机内存空间。计算机内部用一定的位(一个 0 或 1 表示)来存储整数。如果有 N 个位，则可以存储 0 到 2^N-1 之间的数。大于这个值的数因为太大，所以不能存储在这个变量中。在实际操作时，根据存储的数据的大小可选择适合取值范围的数据类型，避免造成内存的浪费。整数类型如表 4.1 所示。

表 4.1 整数类型

数据类型	别名	字节数	取值范围
整型(int)	System. Int32	4	$-2^{31}\sim2^{31}-1$
长整型(long)	System. Int64	8	$-2^{63}\sim2^{63}-1$
短整型(short)	System. Int16	2	$-2^{15}\sim2^{15}-1$
短字节型(sbyte)	System. SByte	1	$-2^{7}\sim2^{7}-1$
无符号整型(uint)	System. Uint32	4	$0\sim2^{32}-1$
无符号短整型(ushort)	System. Uint16	2	$0\sim2^{16}-1$
无符号长整型(ulong)	System. Uint64	8	$0\sim2^{64}-1$
字节型(byte)	System. Byte	1	$0\sim2^{8}-1$

2. 浮点型

浮点型数据又称为实数型数据，主要用于存储含有小数的数据。C# 中的浮点型包含单精度浮点型(float)和双精度浮点型(double)两种数据类型，如表 4.2 所示。

表 4.2 浮点型

数据类型	别名	字节数	精度(小数点后位数)	取值范围
单精度类型(float)	System. Single	4	7	$1.5\times10^{-45}\sim3.4\times10^{38}$
双精度类型(double)	System. Double	8	15～16	$5.0\times10^{-324}\sim1.7\times10^{308}$

对于浮点型数据，需要注意以下一些问题：

带有小数的数如果没有指定类型，则默认为 double 类型。例如 1.23，如果没有指定数据类型，默认为 double 类型。如果想指定为 float 类型，可在数据后加上“f”或“F”。例如：1.23f 或 1.23F，为 float 类型。

若小数后加上“d”或“D”，则编译器会将数据按照 double 类型来处理。

```
float f1=4.56;                //错误
float f2=4.56f;               //正确
```

第一行代码出错是因为系统将 4.56 作为 double 类型来处理，而 f1 是 float 类型的数据，编译器认为程序是将一个 double 类型的数值赋给一个 float 变量，这种赋值是不允许的。

3. 小数类型

小数类型也是用来保存带有小数的数据的。它比浮点型精确度更高，是 128 位高精度的数据类型，取值范围为$\pm1.0\times10^{-28}\sim\pm7.9\times10^{28}$。

因为小数类型具有非常高的精确性，所以它总是被用在财政、货币和金融等对数据要求精度高、数值大的领域。通过对比我们可以发现，小数类型数据可以取值的范围远远小于浮点型，不过它的精确度比浮点型高得多。在编程中我们要根据实际情况选择数据类型。

上面已经说过所有出现的小数如果没有特殊定义都默认为 double 类型，如果需要指定为小数类型，则要在数据的后面加上“m”，如 3.1415926 m、16 m 等。

例 4.1 编写一个程序演示如何定义 byte、int、double、float 和 decimal 类型的变量，对四个变量初始化，并输出变量的值。

实现分析

定义一个字节型变量 a1 并赋值，定义一个整型变量 a2 并赋值，定义一个双精度类型变量 a3 并赋值，定义一个单精度类型变量 a4 并赋值，定义一个小数类型变量 a5 并赋值。

具体实现步骤如下：

(1) 新建一个项目 t4-1 项目模板：控制台应用程序。

(2) 添加如下代码：

```
using System;
using System.Collections.Generic;
using System.Linq;
using System.Text;
namespace floattest1
{
    class Program
    {
        static void Main(string[] args)
        {
            byte  a1=15;
            int a2=1;
            double a3=2.3;
            float a4=4.5f;
            decimal a5=6.7m;
            Console.WriteLine("a1 输出结果是:{0}", a1);
```

```
            Console.WriteLine("a2 输出结果是:{0}", a2);
            Console.WriteLine("a3 输出结果是:{0}", a3);
            Console.WriteLine("a4 输出结果是:{0}", a4);
            Console.WriteLine("a5 输出结果是:{0}", a5);
        }
    }
}
```

(3) 运行程序,单击"调试"菜单下的"开始执行(不调试)"或者按快捷键 Ctrl+F5,结果如图 4.2 所示。

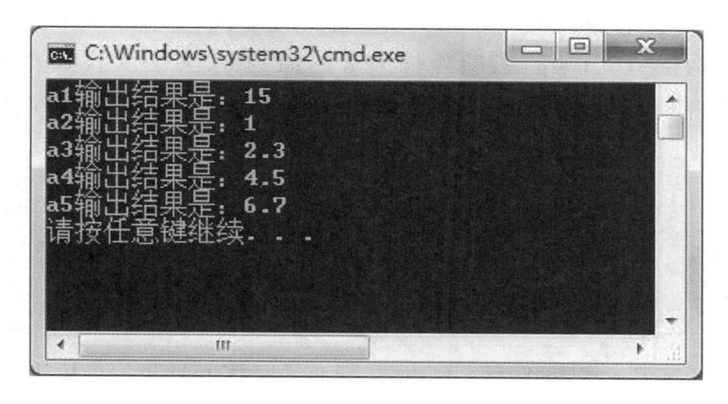

图 4.2　例 4.1 运行结果

4. 字符型

字符型只能包含单个的字符。一个字符型数据的长度是 16 位。字符型的常量在使用时必须加上单引号。如:

```
char c='A';
```

C# 中使用的转义符是一种特殊的字符常量,如表 4.3 所示。

表 4.3　C# 中的转义符

转义符	字符名	转义符	字符名
\'	单引号	\f	换页
\"	双引号	\n	新行
\\	反斜杠	\r	回车
\0	空字符	\t	水平 Tab
\a	警报	\v	垂直 Tab
\b	退格		

5. 布尔类型

布尔类型 bool 是在编程时常用的一种变量类型。当编写应用程序时,总是使用布尔类型的变量来作为分支结构的判断条件。考虑一下有多少问题可以用 true 或 false(或 yes 和 no)来回答。在执行变量值之间的比较或检查输入的有效性时,也经常使用布尔变量。在 C# 编程时,在布尔类型和其他类型之间不存在任何标准转换。

布尔类型的数据只包含两个数值：true 和 false，即为真或者为假。可以将一个表达式赋值给布尔变量，如：

```
bool b1=true;
bool b2=(a>10||a<5);        //当 a 大于 10 或者小于 5 时,b2 为 true
```

注意：C#条件表达式的运算结果必须是 bool 类型。

C#与C++语法的不同在于：在C#语言中，bool类型与其他类型之间不能相互转化；而在C++中，bool类型的值可转化为int类型的值，false等效于0，true等效于非零整数数据。例如，下面的分支语句，判断条件为 x 的值，在C#中 x 代表整数 1 不能作为判断条件，是非法的；而在C++中 x 代表整数 1 可转换为 true 布尔类型，可作为判断条件，是合法的。

```
int x=1;
if(x)            //此语法在 C#中是错误的
{
    Printf{"x is 非零整数."};
}
```

如果想使用C#来判断 x 是否为非零整数，则必须将该变量与一个值进行显式比较，例如：

```
int x=1;
if(x!=0)          //C#的判断方式
{
    Console.Write("x is 非零整数.");
}
```

4.2.2 枚举类型

枚举类型(enum types)是一种特殊的数据类型，系统把相同类型、表达固定含义的一组数据作为一个集合放到一起形成新的数据类型。枚举类型表示的是一个整数类型，包括 long、int、short 和 byte，默认类型为 int。

声明枚举类型变量的语法格式为：

[访问权限] enum 枚举类型名称[:基础类型]{元素 1,元素 2,元素 3,…};

说明：(1) [访问权限]——可以指定，也可以不指定，允许使用的修饰符包括 public、protected、internal 和 private 这 4 个访问修饰符。

其中：public，表示对变量的访问不受任何限制；protected，表示只能在包含变量的类或派生类中对变量进行访问；internal，表示变量的访问范围只能在当前项目(project)或者是模块内；private，表示变量的访问范围只能在包含它的类中。

(2) enum——定义枚举类型需要使用的关键字。

(3) 枚举类型名称——自定义名称，需要符合命名规则，一般会选择代表一定含义、容易记忆的名字。

(4) 基础类型——可选项，指定分配给每个枚举数的基础类型，可以是 long、int、short 和 byte，如果未指定类型，则默认为 int 类型。

(5) {}——大括号之间是枚举元素，各元素之间用逗号进行分隔。

例如，一年有 12 个月，可以将 12 个月份组合起来构成一个枚举类型，每一个月份都是枚举类型中的一个组成元素。枚举类型的实际作用就是为一组逻辑上不可分割的整数值起一个便于记忆的名字，方便使用。例如：

```
enum Month{Jan,Feb,Mar,Apr,May,Jun,Jul,Aug,Sep,Oct,Nov,Dec};
```

这个数据类型表示了一年内 12 个月的枚举，其中 Jan 的值为 0，Dec 的值为 6。用户也可以自定义枚举元素的值。例如：

```
enum Month{Jan=1,Feb=2,Mar=3,Apr=4,May=5,Jun=6,Jul=7,Aug=8,Sep=9,Oct=10,
Nov=11,Dec=12};
```

这样也定义了一年内 12 个月的枚举，并且它们所代表的数值都是自定义的。不过，这种自定义的方式要根据实际情况赋值，方便编程，不能随意定义，否则意义就不大了。

例 4.2 在下面的实例中，声明了一个枚举类型 names。其中的两个枚举元素被显式地转换为整数并赋给整型变量。

实现分析 定义了枚举类型 names，具有四个元素 mary，tom，jack 和 jenefer。

具体实现步骤如下：

（1）新建一个项目 t4-2 项目模板：控制台应用程序。

（2）添加如下代码：

```
using System;
using System.Collections.Generic;
using System.Linq;
using System.Text;
namespace t4-2
{
    class Program
    {
        enum names {mary=8,tom,jack,jenefer};
        static void Main(string[] args)
        {
            int x=(int)names.mary;
            int y=(int)names.jenefer;
            Console.WriteLine("mary={0}",x);         //输出变量 mary 的值
            Console.WriteLine("jenefer={0}", y);   //输出变量 jenefer 的值
        }
    }
}
```

（3）运行程序，单击“调试”菜单下的“开始执行(不调试)”或者按快捷键 Ctrl+F5，结果如图 4.3 所示。

图 4.3 例 4.2 的运行结果

代码详解 此程序创建了一个枚举类型，其中的元素均为 int 类型，不过开始元素的取值并不是 0，而是用户自行定义的数值，其后的枚举变量的值依次加 1。

4.2.3 结构类型

结构类型(struct types)是一种复合值类型，它由一系列变量组织在一起而构成，这些变量逻辑上相关，但数据类型上不一定相同。其中，每一个变量都是这个结构类型中的一个成员。结构类型与面向对象中“类”的概念有很多相似之处，通过对比会发现两者在定义方法、组成成分和引用方式等方面都是一样的。但是它们之间也是有区别的，其中最明显的区别在于结构类型本质上还是一种值类型，在创建小型对象的时候特别灵活，而且可以节省空间；而类则是引用类型。

结构类型中的变量采用 struct 关键字来进行声明，其格式如下：

```
struct 结构类型名称
{
      [访问权限] 数据类型 成员变量 1;
      [访问权限] 数据类型 成员变量 2;
      ...
}
```

说明：(1) struct——定义结构类型需要使用的关键字。
(2) 结构类型名称——自定义结构类型的名称，需要符合命名规则。
(3) {}——大括号之间定义了结构类型的成员，每行语句代表一个成员，用分号结尾。

例如，下面的程序定义了一个生日的数据结构。

```
struct Birthday
{
    public int day;
    public int month;
    public int year;
}
Birthday b1;
```

上述定义的结构类型 Birthday 具有三个成员，public 表示每个成员的访问权限，又通过 Birthday 结构类型定义了一个变量 b1。如果想通过定义的变量 b1 访问结构类型的成员，则要在变量名后面加上“.”，然后跟成员名，例如：

```
b1.year=1990;
```

结构类型包含的成员的数据类型可以相同，也可以不同，甚至还可以把另一个结构类型作为一个成员来使用。例如：

```
struct Student
{
    public int id;
    public string name;
```

```
        public Birthday birthday;
        public string address;
    }
    Student  s1;
```

其中,Student 结构类型的成员 birthday 的数据类型为 Birthday,是另一个结构类型。

例 4.3 编写一个程序演示如何定义结构类型,如何通过结构类型定义变量调用成员,并显示。

实现分析 定义结构类型 Teacher,具有成员教师编号、姓名和所在部门;定义结构类型 Course,具有成员课程编号、课程名、任课教师和开课专业。

具体实现步骤如下:

(1) 新建一个项目 t4-3 项目模板:控制台应用程序。

(2) 添加如下代码:

```
    using System;
    using System.Collections.Generic;
    using System.Linq;
    using System.Text;
    namespace t4_3
    {
        class Program
        {
            struct Teacher
            {
                public int tid;
                public string tname;
                public string department;
            }
            Teacher t1;
            struct Course
            {
                public int cid;
                public string cname;
                public Teacher teacher;
                public string major;
            }
            Course c1;
            public static void Main()
            {
                Program test=new Program();
                test.t1.tid=101;
                test.t1.tname="lily";
                test.t1.department="计信系";
                test.c1.cid=123456;
```

```
                test.c1.cname="C#程序设计";
                test.c1.teacher=test.t1;
                test.c1.major="计算机科学与技术专业";
                Console.WriteLine ("{0},{1},{2}", test.t1.tid, test.t1.tname,
test.t1.department);
                Console.WriteLine("{0},{1},{2},{3}", test.c1.cid, test.c1.cname,
test.c1.teacher.tname, test.c1.major);
            }
        }
    }
```

(3) 运行程序,单击“调试”菜单下的“开始执行(不调试)”或者按快捷键 Ctrl+F5,结果如图 4.4 所示。

图 4.4 例 4.3 的运行结果

4.3 常量和变量

4.3.1 常量

常量是指在程序的运行过程中其值不会发生改变的量。在实际编程时,我们总是会遇到一些多次重复出现在程序里的数据,例如,在数学里重复出现的圆周率 3.1415926,它的值是固定的,不应该发生改变。这个时候我们就可以定义常量代表圆周率 3.1415926。常量声明时我们需要给它起一个名字,其命名规则与变量命名规则相同,同时我们还要给它赋值。常量的定义格式为:

[常量修饰符] const 常量数据类型 常量名(标识符)=常量值;

说明:(1) 常量修饰符——可以是 new、public、protected、internal、private。

(2) const——声明常量的关键字。

(3) 常量数据类型——可以是 sbyte、byte、short、ushort、int、uint、long、ulong、char、float、double、bool、decimal、string 等。

(4) 常量名——就是标识符,用于唯一地标识该常量。常量名要有代表意义,不能过于简练或者复杂。

(5) 常量值——需要和常量数据类型保持一致。

例如：

```
public const  double  pi=3.1415926;
```

常量和变量的声明都要使用标识符，其命名规则如下：

- 标识符必须以字母或者@符号开头。
- 标识符只能由字母、数字、下划线组成，不能包括空格、标点、运算符等特殊符号。
- 标识符不能与C#中的关键字同名。
- 标识符不能与C#中的库函数名相同。

4.3.2 变量

变量(variable)是指在程序的运行过程中其值会发生改变的量。在实际操作过程中，当定义一个变量时，计算机会分配一定空间给变量存储数据，变量名代表存储地址，变量的类型决定了分配空间的大小，也决定了存储在变量中的数值的类型。例如，int 型变量占 4 个字节，double 型变量占 8 个字节等。在主存中每个字节都有一个编号代表地址，无论变量占用几个字节，都把第 1 个字节的地址称为变量的地址。

1. 定义变量

定义变量格式为：

[访问修饰符][变量修饰符] 数据类型 变量名 1,变量名 2,…

或者

[访问修饰符][变量修饰符] 数据类型 变量名 1=变量值,
变量名 2=变量值,
…;

注意：“变量修饰符”用来描述对变量的访问级别和是否是静态变量等，有 private、public、protected、internal、static 等类型，若缺省“变量修饰符”，则默认为 private。

(1) 第一种定义方法只是定义若干个变量，并没有对变量进行赋值。

(2) 第二种定义方法对变量进行了初始化，赋值时需要注意，变量值应该与变量的数据类型保持一致。

(3) [访问修饰符]——用于描述对变量进行访问的限制级别，也就是规定了如何访问变量，可以填写 private、public、protected、internal，若缺省“访问修饰符”，则默认为 private。

(4) [变量修饰符]——用来区分变量是静态变量还是其他变量，比如 static 修饰符就表示静态变量，ref 修饰符表示引用参数变量。

(5) 数据类型——变量的数据类型可以是 sbyte、byte、short、ushort、int、uint、long、ulong、char、float、double、decimal、bool、string 等。

(6) 变量名必须是符合语言规定的标识符。

例如：

```
int a;
char c;
float f;
```

如果要对变量进行初始化，可写成：

```
int a;
a=1;
```

也可以写成一行：

```
int a=1;
```

2. 变量的作用域

变量的作用域为定义它的块内部。所谓块是指大括号“{”和“}”之间的所有内容。块内可能只有一条语句，也可以是多条语句或者空语句。变量从被定义时开始起作用，当块结束时(程序执行到“}”时块结束)，变量也会随着消失，消失后自然也就无法起作用了。例如：

```
{
  int a=1;
}
Console.WriteLine(a);
```

在块{}内部定义的变量 a，在块外部是无法访问的。

4.4 运算符与表达式

C#提供了大量的运算符，这些运算符就是在表达式中执行运算的符号。参与运算的数据称为操作数。按照表达式中参与运算的操作数的个数，运算符分为一元运算符、二元运算符和多元运算符。

一元运算符：只有一个操作数，比如“++”运算符、“--”运算符等。

二元运算符：有两个操作数，如“+”运算符、“-”运算符等。

三元运算符：有三个操作数，如“?:”。

C#的运算符可以分为算术运算符、赋值运算符、关系运算符、逻辑运算符、位运算符、条件运算符和其他运算符。

根据运算符类型的不同，表达式可以分为算术表达式、赋值表达式、逻辑表达式、关系表达式及条件表达式等。经过一系列运算后得到的结果就是表达式的结果。结果的类型由参加运算的操作数的数据类型决定，当表达式中存在多个操作数时，表达式的值的类型与其中精确度最高的操作数的类型保持一致。

常见运算符如表 4.4 所示。

表 4.4 常见运算符

<table>
<tr><th>类　型</th><th>运　算　符</th></tr>
<tr><td>算术运算符</td><td>+、-、*、/、%</td></tr>
<tr><td>关系运算符</td><td><、>、<=、>=、==、!=、is、as</td></tr>
<tr><td>逻辑运算符</td><td>&&、||、!</td></tr>
<tr><td>条件运算符</td><td>?:</td></tr>
<tr><td>赋值运算符</td><td>=、*=、/=、+=、-=、<<=、>>=、&=、^=、|=</td></tr>
<tr><td>位运算符</td><td>&、|、^、<<、>></td></tr>
</table>

4.4.1 算术运算符和算术表达式

算术运算符包括加(+)、减(-)、乘(*)、除(/)和模/取余(%)5 种。

1. 加/减法运算符

加/减法运算符的操作数可以是整型、浮点型、枚举类型和字符串类型等。例如：

```
2+1                    //结果为 3
2.0+1                  //结果为 3.0
```

注意：表达式的最后结果的数据类型与所有操作数中精确度最高的一个相同。例如5.0－2，5.0为double类型，2为int类型，最后的结果3.0为double类型。

2. 乘/除法运算符

乘/除法运算符与加/减法运算符相同，在运算过程中，默认返回值的类型与精度最高的操作对象类型相同。例如：

```
1*2                    //结果为 2
1/2                    //结果为 0
3.0/2                  //结果为 1.5
-10/5                  //结果为-2
```

3. 模运算符

模运算符也叫作取余运算符，求除法的余数，该运算符的操作数为整型和浮点型等。例如：

```
5%2                //结果为 1
5.5%2              //结果为 1.5
```

注意：模运算结果的符号与被除数相同。例如：

```
-5%2//结果为 1
5%-2//结果为-1
-5%-2//结果为-1
```

4. 自增、自减运算符

自增、自减运算符的作用是使变量的值自身加1或减1。使用自增、自减运算符时，要注意"＋＋""－－"在变量的前面（如：＋＋a）和在变量的后面（如：a＋＋）的区别。自增、自减运算符作为前缀时，先对变量的值加1或减1，再使用加1或减1后的变量值；作为后缀时，先使用变量的值，再对变量的值加1或减1。例如：

```
int a=2,b,c;
b=a++;              //先将 a 的值 2 赋给 b,然后 a 再自增 1。结果:b=2,a=3
c=++a;              // a 先自增 1,然后再将 a 的值 4 赋给 c。结果:c=4,a=4
```

例4.4 下面将算术运算符运用到实际的程序中。

具体实现步骤如下：

（1）新建一个项目t4-4项目模板：控制台应用程序。

（2）添加如下代码：

```
using System;
using System.Collections.Generic;
using System.Linq;
using System.Text;
```

```
namespace yunsuanful_test
{
    class Program
    {
        static void Main(string[] args)
        {
            int a=1,b=10;
            float f1=5.0F,f2=10.0F;
            double d1=2.5,d2=3;
            Console.WriteLine("a+b={0},a-b={1}",a+b,a-b);
            Console.WriteLine("a*b={0},a/b={1},a%b={2}",a*b,a/b,a%b);
            Console.WriteLine("f1*f2={0},f1%f2={1}", f1*f2, f1%f2);
            Console.WriteLine("a-f1*d1/f2={0}",a-f1*d1/f2);
            Console.WriteLine("a%d2*f1={0}",a%d2*f1);
        }
    }
}
```

（3）运行程序，单击“调试”菜单下的“开始执行（不调试）”或者按快捷键 Ctrl+F5，结果如图 4.5 所示。

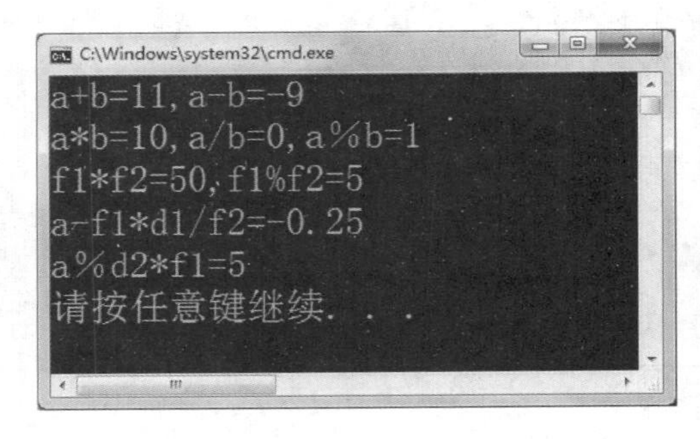

图 4.5　例 4.4 的运行结果

例 4.5　下面将算术运算符运用到实际的程序中。

实现分析　定义整型变量 a，b 和 c，算术表达式中使用了自增运算符“++”。注意自增运算符在操作数的前面还是后面对运算结果的影响。

具体实现步骤如下：

（1）新建一个项目 t4-5 项目模板：控制台应用程序。

（2）添加如下代码：

```
using System;
using System.Collections.Generic;
using System.Linq;
using System.Text;
namespace yunsuanful_test
{
    class Program
```

```
        {
            static void Main(string[] args)
            {
                int a=2, b=3, c, d;
                c=a+++b++;
                d=a+b;
                Console.WriteLine("m={0} n={1}", c, d);
                c=++a+(++b);
                d=a+b;
                Console.WriteLine("m={0} n={1}", c, d);
            }
        }
    }
```

（3）运行程序，单击“调试”菜单下的“开始执行（不调试）”或者按快捷键 Ctrl＋F5，结果如图 4.6 所示。

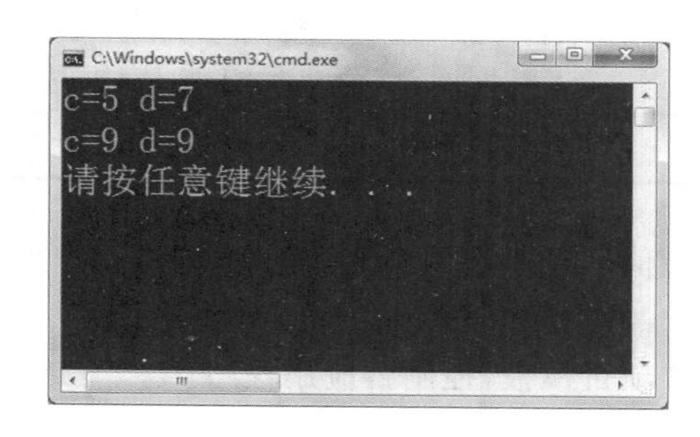

图 4.6　例 4.5 的运行结果

说明：本例变量 a 和 b 的初值为 2 和 3，语句“c＝a＋＋＋b＋＋；”相当于“c＝(a＋＋)＋(b＋＋)；”，作为后缀时，先使用变量的值，再对变量的值加 1 或减 1，所以该语句执行后，c 的值为 5，a 的值为 3，b 的值为 4。故执行语句“d＝a＋b”，d 的值为 7。语句“c＝＋＋a＋(＋＋b)；”相当于“c＝(＋＋a)＋(＋＋b)；”，前缀运算符的运算规则是给变量的值先加 1，然后再使用变量的值，所以该语句执行后，a 的值为 4，b 的值为 5，c 的值为 9，故执行语句“d＝a＋b”后，d 的值为 9。

4.4.2　赋值运算符与赋值表达式

使用赋值运算符将一个表达式的结果赋值给变量称为赋值表达式。

它的一般格式为：

　　变量　赋值运算符　表达式

例如：

```
a=1;
```

变量 a 和整个表达式的值都是 1。

赋值表达式也可以直接赋值给变量。例如：

```
b=(a=10/5);
```

变量 b 和 a 的值都是 2。

C#的赋值运算符如表4.5所示。

表4.5 C#的赋值运算符

赋值运算符	举例
=	a=1
+=	a+=1 等于 a=a+1
-=	a-=等于 a=a-1
*=	a*=1 等于 a=a*1
%=	a%=1 等于 a=a%1
/=	a/=1 等于 a=a/1
&=	a&=1 等于 a=a&1 //按位与赋值
|=	a|=1 等于 a=a|1 //按位或赋值
^=	a^=等于 a=a^1 //按位异或赋值
>>=	a>>=1 等于 a=a>>1 //左移赋值
<<=	a<<=1 等于 a=a<<1 //右移赋值

例4.6 下面将赋值运算符运用到实际的程序中。

具体实现步骤如下：

(1) 新建一个项目 t4-6 项目模板：控制台应用程序。

(2) 添加如下代码：

```
using System;
using System.Collections.Generic;
using System.Linq;
using System.Text;
namespace yunsuanfu1_test
{
    class Program
    {
        static void Main(string[] args)
        {
            int m=8,n=2;
            Console.WriteLine ("m={0},n={1}",m,n);
            Console.WriteLine("n=m+n={0}",n=m+n);
            Console.WriteLine("n=m*n={0}",n*=m);
            Console.WriteLine("n=n%m={0}",n%=m);
        }
    }
}
```

(3) 运行程序，单击“调试”菜单下的“开始执行(不调试)”或者按快捷键 Ctrl+F5，结果如图4.7所示。

```
C:\Windows\system32\cmd.exe
m=8, n=2
n=m+n=10
n=m*n=80
n=n%m=0
请按任意键继续. . .
```

图 4.7　例 4.6 的运行结果

4.4.3　关系运算符与关系表达式

在 C# 中，用关系运算符来判断运算值的大小关系，需要判断的运算值通过关系运算符连接起来就成了关系表达式。关系运算符包括等于(==)、不等于(!=)、小于(<)、大于(>)、小于等于(<=)和大于等于(>=)。关系表达式的结果要么为"真"，要么为"假"，分别用 true 和 false 表示。例如：

```
bool a=b>c              //表示如果 b>c,则 a 的值为 true,否则为 false
1<=2                    //结果为 true
```

C# 的关系运算符如表 4.6 所示。

表 4.6　C# 的关系运算符

符　号	描　述
>	大于
<	小于
==	等于
>=	大于等于
<=	小于等于
!=	不等于

例 4.7　下面将关系运算符运用到实际的程序中。

具体实现步骤如下：

(1) 新建一个项目 t4-7 项目模板：控制台应用程序。

(2) 添加如下代码：

```
using System;
using System.Collections.Generic;
using System.Linq;
using System.Text;
namespace yunsuanful_test
{
    class Program
    {
```

```
            static void Main(string[] args)
            {
                int m=6,n=5;
                char c1='A',c2='a';
                Console.WriteLine("{0},{1},{2}",m>n,m>=n,m<=n);
                Console.WriteLine("{0},{1},{2}",c1>c2,c1>=c2,c1<=c2);
            }
        }
    }
```

(3) 运行程序，单击“调试”菜单下的“开始执行(不调试)”或者按快捷键 Ctrl＋F5，结果如图 4.8 所示。

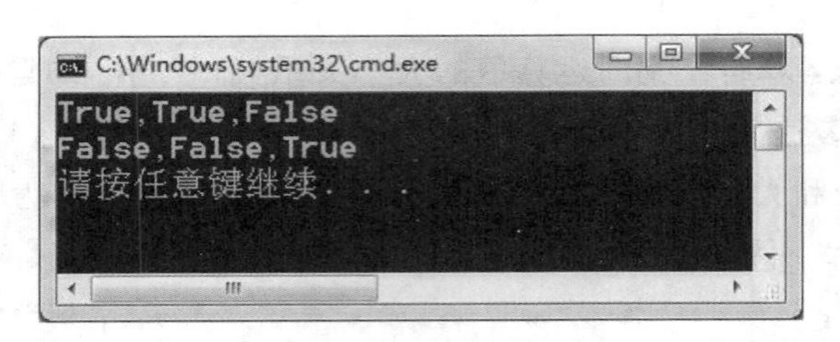

图 4.8　例 4.7 的运行结果

4.4.4　逻辑运算符与逻辑表达式

逻辑运算符主要用于对变量的值、表达式的运算结果进行比较，其表达式结果为 true 和 false。在 C＃语言中，逻辑运算符包括逻辑与(&&)、逻辑或(||)和逻辑非(!)3 种。逻辑运算符的运算规则如表 4.7 所示。

表 4.7　C＃的逻辑运算符的运算规则

	a&&b	a||b	! a	! b
a=false,b=false	false	false	true	true
a=false,b=true	false	true	true	false
a=true,b=false	false	true	false	true
a=true,b=true	true	true	false	false

例如：

```
int x=25;
char y='A';
Console.WriteLine (!true)                         //结果为 false
Console.WriteLine (x>25&&y<'A')                   //结果为 false
Console.WriteLine (x>4||y<'A')                    //结果为 true
```

4.4.5　位运算符与位表达式

位运算符用于对变量的值按二进制位进行运算，其运算对象是整型和字符型，根据二进制补码进行运算。位运算符包括与(&)、或(|)、异或(^)、取补(～)、左移(<<)和右移(>

＞）。位运算符的运算规则如表 4.8 所示。

表 4.8　位运算符的运算规则

x	y	&	|	^	～(x)	x＜＜2	x＞＞2
0	0	0	0	0	1	0	0
0	1	0	1	1	1	0	0
1	0	0	1	1	0	0	4
1	1	1	1	0	0	0	4

注意：位运算符＞＞和＜＜是将数值的二进制向右或向左移位。当向右移动 n 位时，左边移去的 n 位用 0 补齐，结果相当于原值除以 2 的 n 次方再取整；当向左移动 n 位时，右边 n 位补 0，结果为原值乘以 2 的 n 次方，除非移位超出了该数据类型的最大值限制。

例如：对于 7＜＜2，就是把整数 7 所有的位向左移动 2 位，即：

7：00000000 00000000 00000000 00000111

7＜＜2：00000000 0000000000000000 00011100

对于 7＞＞2，就是把整数 7 所有的位向右移动 2 位，即：

7：00000000 00000000 00000000 00000111

7＞＞2：00000000 00000000 00000000 00000001

例 4.8　下面将以实例的形式介绍位运算符在程序中的应用。

具体实现步骤如下：

（1）新建一个项目 t4-8 项目模板：控制台应用程序。

（2）添加如下代码：

```
using System;
using System.Collections.Generic;
using System.Linq;
using System.Text;
namespace weiyunsuan_test
{
    class Program
    {
        static void Main(string[] args)
        {
            int m=4;                                  //声明一个整型变量并赋值
            Console.WriteLine(true & false);          //执行与运算并输出结果
            Console.WriteLine(false | false);         //执行或运算并输出结果
            Console.WriteLine(true ^ false);          //执行异或运算并输出结果
            Console.WriteLine(m<<2);                  //m 左移两位并输出结果
            Console.WriteLine(m>>2);                  //将 m 值右移两位并输出结果
```

```
                Console.WriteLine(~m);//将 m 值取补并输出结果
            }
        }
    }
```

(3) 运行程序,单击"调试"菜单下的"开始执行(不调试)"或者按快捷键 Ctrl+F5,结果如图 4.9 所示。

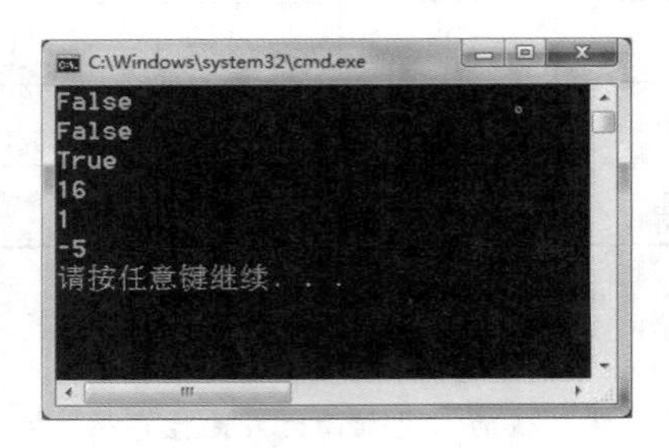

图 4.9 例 4.8 的运行结果

4.4.6 条件运算符与条件表达式

条件运算符是 C#语言中唯一一个三元运算符。它由"?"和":"两个符号组成,它的三个对象都是表达式。条件表达式的一般格式为:

表达式 1? 表达式 2:表达式 3

该表达式的运算规则是:先计算表达式 1 的值,如果其值为 true,则条件表达式的值为表达式 2 的值,如果表达式 1 的值为 false,则条件表达式的值为表达式 3 的值。其中表达式 1 的值必须为逻辑值。例如:

```
x=3;y=5;
m=x>y?x:y;
Console.WriteLine(m);    //结果为 5
```

由于 x>y 的值为 false,故条件表达式的值为 y,即 5,把 5 赋给 m,m 的值为 5。

4.4.7 运算符的优先级

当一个表达式包含多个运算符时,表达式的运算顺序就由运算符的优先级来决定。表 4.9 列出了一些常见运算符由高到低的优先级。

表 4.9 常见运算符由高到低的优先级

运 算 符	类 型
特殊运算符	()
一元运算符	+(正)、-(负)、!(逻辑非)
乘/除运算符	*、/、%
加/减运算符	+、-
移位运算符	<<、>>
关系运算符	<、>、<=、>=、is
比较运算符	==、!=

运 算 符	类 型
逻辑与运算符	&
逻辑异或运算符	^
逻辑或运算符	|
条件与运算符	&&
条件或运算符	||
三元运算符	?:
赋值运算符	=、+=、-=、*=、/=、%=

注意：当一个操作数出现在两个相同优先级的操作符之间时，操作符按照出现的顺序由左至右执行。如果无法确定操作符的有效顺序，则可以在编程时采用括号"()"进行指定，从而保证运算顺序的正确。当运算符两边的运算数的优先级一样时，由运算符的结合性来控制运算执行的顺序，除了赋值运算符，所有的二元运算符都是左结合，即运算按照从左到右的顺序来执行。

例如表达式：3.5－0.5＋(2＋(10－5)＊2％4)－2 的计算步骤为：

3.5－0.5＋(2＋5＊2％4)－2

3.5－0.5＋(2＋10％4)－2

3.5－0.5＋(2＋2)－2

3.5－0.5＋4－2

计算结果为：5.0

再比如条件表达式：10＞20？5：3＜9？2：0 的计算步骤为：

10＞20？5：(3＜9？2：0)

10＞20？5：2

最终结果为：2

4.5 综合实验

例 4.9 输入圆的半径，求圆的周长和面积，以及球的体积。

实现分析 根据意题可知，本例执行时需要输入半径，然后根据该半径求得圆的周长、面积和球的体积并输出。求得圆的周长、面积和体积可通过相应的公式来进行。本例采用编写 Windows 窗体应用程序来实现。通过一个 TextBox 控件输入半径，再通过几个 Label 控件输出圆的周长、面积和球的体积。程序的设计界面如图 4.10 所示。

具体实现步骤如下：

(1) 新建项目：创建 Windows 窗体应用程序，项目的名称为"t4-9"。

(2) 根据题目要求选中 Form1 窗体，设计程序界面，添加 TextBox 文本框控件、Label 标签控件和 Button 按钮控件。本例窗体及控件对象的属性设置如表 4.10 所示。

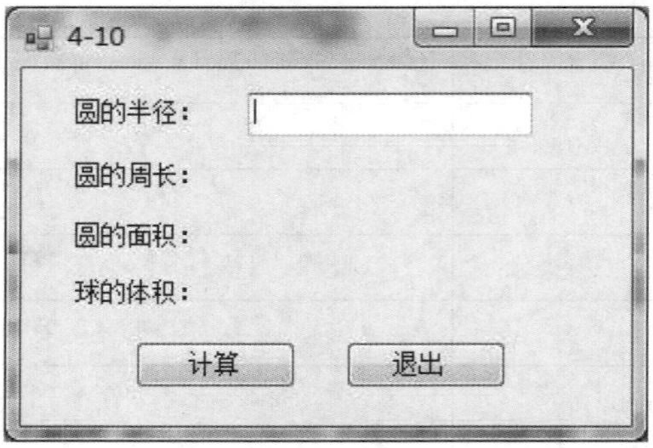

图 4.10　例 4.9 程序设计界面

表 4.10　例 4.9 控件的属性设置及控件作用

控件名称	属性名	属性值	说明
textBox1	Text	""	输入半径
label1	Text	"圆的半径"	
label2	Text	"圆的周长"	
label3	Text	"圆的面积"	
label4	Text	"球的体积"	
label5	Text	""	显示周长
label6	Text	""	显示面积
label7	Text	""	显示体积
button1	Text	"计算"	单击它将计算出圆的周长、面积与球的体积并显示
button2	Text	"退出"	单击它将退出应用程序

（3）添加 button1 的 Click 事件，代码如下：

```
private void button1_Click(object sender, System.EventArgs e)
{
    double r, l, s, v; //变量 r,l,s,v 分别存放半径、周长、面积和体积
    r=Convert.ToSingle(textBox1.Text );            //把输入的半径转换成实数
    l=2*Math.PI*r;                                 //求周长
    s=Math.PI *r*r;                                //求面积
    v=4.0/3.0* Math.PI*r*r*r;                      //求体积
    label5.Text=Convert.ToString(l);               //显示周长
    label6.Text=Convert.ToString(s);               //显示面积
    label7.Text=Convert.ToString(v);               //显示体积
}
```

（4）添加 button2 的 Click 事件，代码如下：

```
private void button2_Click(object sender, System.EventArgs e)
{
    Application.Exit();//退出
}
```

(5) 保存程序,选择"文件"菜单项的"保存"命令或单击工具栏上的"保存"按钮,然后按F5键或Ctrl+F5快捷键运行该程序,结果如图4.11所示。

4-10	
圆的半径:	3
圆的周长:	18.8495559215388
圆的面积:	28.2743338823081
球的体积:	113.097335529233
计算	退出

图4.11　例4.9的运行界面

小　　结

本章介绍了C#中的常用数据类型,讲述了如何创建和使用变量,还讲述了运算符和表达式的概念。本章用运算符构建不同类型的表达式,并探讨了运算符的优先级和结合性如何影响表达式的求值顺序。

知　识　点	操　　作

定义byte、int、double、float和decimal类型的变量	示例:
	static void Main(string[] args)
	{
	　　byte a1=15;　//定义一个字节型变量并赋值
	　　int a2= 1; //定义一个整型变量并赋值
	　　double a3= 2.3; //定义一个双精度类型变量并赋值
	　　float a4= 4.5f; //定义一个单精度类型变量并赋值
	　　decimal a5=6.7m; //定义一个小数类型变量并赋值
	　　Console.WriteLine("a1 输出结果是:{0}", a1);
	　　Console.WriteLine("a2 输出结果是:{0}", a2);
	　　Console.WriteLine("a3 输出结果是:{0}", a3);
	　　Console.WriteLine("a4 输出结果是:{0}", a4);
	　　Console.WriteLine("a5 输出结果是:{0}", a5);
	}

续表

<table>
<tr><th>知 识 点</th><th>操 作</th></tr>
<tr><td>声明一个枚举类型 names</td><td>示例：
enum names {mary=8,tom,jack,jenefer};
static void Main(string[] args)
{
    int x=(int)names.mary; int y=(int)names.jenefer;
    Console.WriteLine("mary={0}",x); //输出变量 mary 的值
    Console.WriteLine("jenefer={0}", y); //输出变量 jenefer 的值
}</td></tr>
<tr><td>定义结构类型 Teacher，它具有成员教师编号、姓名和所在部门</td><td>示例：
struct Teacher
{
    public int tid;
    public string tname;
    public string department;
}
Teacher t1;
public static void Main()
{
    Program test=new Program();
    test.t1.tid=101;
    test.t1.tname="lily";
    test.t1.department="计信系";
    Console.WriteLine("{0},{1},{2}", test.t1.tid, test.t1.tname, test.t1.department);
}</td></tr>
<tr><td>定义常量 pi</td><td>示例：
public const double pi=3.1415926;</td></tr>
<tr><td>常见运算符</td><td>算术运算符：+、-、*、/、%
关系运算符：<、>、<=、>=、==、!=、is、as
逻辑运算符：&&、||、!
条件运算符：?:
赋值运算符：=、*=、/=、+=、-=、<<=、>>=、&=、^=、|=
位运算符：&、|、^、<<、>></td></tr>
</table>

续表

<table>
<tr><th>知识点</th><th>操作</th></tr>
<tr><td>运算符的优先级(由高到低的优先级)</td><td>
<table>
<tr><th>运算符</th><th>类型</th></tr>
<tr><td>特殊运算符</td><td>()</td></tr>
<tr><td>一元运算符</td><td>+(正)、-(负)、!(逻辑非)</td></tr>
<tr><td>乘/除运算符</td><td>*、/、%</td></tr>
<tr><td>加/减运算符</td><td>+、-</td></tr>
<tr><td>移位运算符</td><td><<、>></td></tr>
<tr><td>关系运算符</td><td><、>、<=、>=、is</td></tr>
<tr><td>比较运算符</td><td>==、!=</td></tr>
<tr><td>逻辑与运算符</td><td>&</td></tr>
<tr><td>逻辑异或运算符</td><td>^</td></tr>
<tr><td>逻辑或运算符</td><td>|</td></tr>
<tr><td>条件与运算符</td><td>&&</td></tr>
<tr><td>条件或运算符</td><td>||</td></tr>
<tr><td>三元运算符</td><td>?:</td></tr>
<tr><td>赋值运算符</td><td>=、+=、-=、*=、/=、%=</td></tr>
</table>
</td></tr>
</table>

课后练习

一、选择题

1. 在C#语言中,下列能够作为变量名的是________。

A. if　　B. 3ab　　C. a_3b　　D. a-bc

2. 在C#语言中,下面的运算符中,优先级最高的是________。

A. %　　B. ++　　C. /=　　D. >>

3. 能正确表示逻辑关系"a≥10 或 a≤0"的C#语言表达式是________。

A. a>=10 or a<=0　　B. a>=10|a<=0

C. a>=10&&a<=0　　D. a>=10||a<=0

4. 以下程序的输出结果是________。

```
using System;
class Exer1
{
    public static void Main()
    {
        int a=5,b=4,c=6,d; Console.WriteLine("{0}",d=a>b?(a>c?a:c):b);
    }
}
```

A. 5　　B. 4　　C. 6　　D. 不确定

5. 下列标识符中，非法的是________。

A. MyName　　B. c sharp　　C. abc2cd　　D. _123

6. C#的数据类型分为________。

A. 值类型和调用类型　　B. 值类型和引用类型

C. 引用类型和关系类型　　D. 关系类型和调用类型

7. 下列数值类型的数据精度最高的是________。

A. int　　B. float　　C. decimal　　D. ulong

8. 要使用变量 score 来存储学生某一门课程的成绩(百分制)，可能出现小数部分，则最好将其定义为________类型的变量。

A. int　　B. decimal　　C. float　　D. double

9. 在C#中，每个 int 类型的变量占用________个字节的内存。

A. 1　　B. 2　　C. 4　　D. 8

10. 以下C#语句中，常量定义正确的是________。

A. const double PI 3.1415926;　　B. const double PI=3.1415926;

C. define double PI 3.1415926;　　D. define double PI=3.1415926;

11. 在C#中，表示一个字符串的变量应使用以下________语句定义。

A. str as String;　　B. String str;　　C. String * str;　　D. char * str;

12. 在C#中，新建一个字符串变量 str，并将字符串"Tom's Living Room"保存到串中，则下列正确的语句是________。

A. String str="Tom\\'s Living Room";　　B. String str="Tom's Living Room";

C. String str="Tom's Living Room";　　D. String * str="Tom's Living Room";

13. 在C#语言中，下面的运算符中，优先级最高的是________。

A. %　　B. ++　　C. *=　　D. >

14. 表达式 5/2+5%2-1 的值是________。

A. 4　　B. 2　　C. 2.5　　D. 3.5

15. 能正确表示逻辑关系"a≥10 或 a≤0"的C#语言表达式是________。

A. a>=10 or a<=0　　B. a>=10 | a<=0

C. a>=10 && a<=0　　D. a>=10 || a<=0

16. 已定义下列变量：

```
int n;  float f;   double df;
df=10;  n=2;
```

下列语句正确的是________。

A. f=12.3;　　B. n=df;　　C. df=n=100;　　D. f=df;

17. 以下对枚举类型的定义，正确的是________。

A. enum a={one,two,three};　　B. enum a{a1,a2,a3};

C. enum a{'1','2','3'};　　D. enum a{"one","two","three"};

二、填空题

1. 在C#中，使用________关键字来声明符号常量。

2. C#语言规定，变量在使用之前必须先________。

3. 设 x 为 int 型变量，请写出描述"x 是奇数"的C#语言表达式________。

4. 下列程序的执行结果是________。

```
class Program
{
    enum team{my,your=4,his,her=his+10};
    public static void Main(string[] args)
    {
        Console.WriteLine("{0},{1},{2},{3} ",team.my, team.your,
        (int)team.his, (int)team.her);
    }
}
```

5. 以下程序的输出结果是________。

```
class Program
{   public static void Main(string[] args)
    {  int a=5,b=4,c=6,d;
       Console.WriteLine("{0}",d=a>b?(a>c?a:c):b);
    }
}
```

6. 以下程序的输出结果是________。

```
class Program
{   public static void Main(string[] args)
    {    int[] a=new int[3] { 1, 2, 3 };
         for(int i=0; i<3; i++) Console.Write("{0}", a[i]);
         Console.WriteLine();
         int[] b=a;
         for(int i=0; i<3; i++) b[i]=2*b[i];
         for(int i=0; i<3; i++) Console.Write("{0}", a[i]);
         Console.WriteLine();
         Console.Read();
    }
}
```

7. 以下程序的输出结果是________。

```
class Program
{  public static void Main(string[] args)
   {  int a=4,b=5,m,n;
      m=(a++)+(b++);     n=a+b;
      Console.WriteLine("m={0}   n={1}",m,n);
      m=(++a)+(++b);     n=a+b;
      Console.WriteLine("m={0}   n={1}",m,n);
   }
}
```

第5章 使用决策语句

本章介绍了决策语句的关键数据类型布尔类型，并举例说明了布尔类型如何在决策语句中起作用；通过学习 if 语句的语法结构来实现单分支、双分支和多分支程序，最后介绍了如何使用 switch 语句实现复杂决策。

本章要点

- 声明布尔变量
- 使用布尔运算符来创建结果为 true 或 false 的表达式
- 使用 if 语句，依据一个条件表达式的结果来做出决策
- 使用 switch 语句做出复杂的决策

5.1 决策语句的关键——布尔类型

5.1.1 布尔变量

Microsoft Visual C#定义布尔类型使用关键字 bool。一个条件表达式的值只能为 true 或 false。例如，下面的程序定义了一个名为 b 的布尔类型变量，将 false 值赋给它，并在控制台上输出它的值：

```
bool b;
b=true;
Console.WriteLine(b);
```

输出结果："false"。

说明：定义布尔类型变量使用关键字 bool，赋值时只能是"true"或者"false"。

本章很多地方使用布尔类型，下面详细了解一下布尔类型及条件表达式。

5.1.2 使用布尔运算符

使用布尔运算符(Boolean operator)进行计算，最后的求值结果要么为 true，要么为 false。C#提供的布尔运算符中最简单的是求反运算符，它用感叹号"!"来表示。求反运算符的运算规则是：求一个布尔值的反值，若布尔值为"true"，则结果为"false"；布尔值为"false"，则结果为"true"。在上例中，变量 b 的值为"false"，则表达式！b 的值为"true"。

1. 相等运算符和关系运算符

两个常用的布尔运算符是相等(==)和不等(! =)运算符。利用这两个运算符，可以判断两端的值是否完全相等。表 5.1 展示了"=="和"! ="运算符是如何工作的，定义一个整型变量 i，i 的值为 1。

表 5.1 "=="和"！="运算符

运算符	含义	运算规则	示例	结果
==	等于	运算符两端的值相等，结果为"true"，否则为"false"	i=1； i==1；	true
！=	不等于	运算符两端的值不相等，结果为"true"，否则为"false"	i=1； i！=1；	false

与"=="和"！="运算符类似的是关系运算符(relational operator)。关系运算符的作用是判断运算符左边的值是否小于或大于运算符右边的值。表 5.2 展示了关系运算符是如何工作的，定义一个整型变量 i，i 的值为 1。

表 5.2 关系运算符

运算符	含义	运算规则	示例	结果
<	小于	运算符左边的值小于右边的值，结果为"true"，否则为"false"	i=1； i<10；	true
<=	小于或等于	运算符左边的值小于或者等于右边的值，结果为"true"，否则为"false"	i=1； i<=1；	true
>	大于	运算符左边的值大于右边的值，结果为"true"，否则为"false"	i=1； i>2；	false
>=	大于或等于	运算符左边的值大于或者等于右边的值，结果为"true"，否则为"false"	i=1； i>=2；	false

注意：两个连续的"="是相等运算符，只有一个"="是赋值运算符，不要搞混了。

例如：

```
int a=1,b=2;
a=b;
Console.WriteLine(a==b);
```

输出结果为："true"。

表达式"a=b；"将 b 的值 2 赋给 a，这个时候 a 和 b 的值都是 2。表达式"a==b"会比较 a 与 b，如果两个值相同，就返回 true。因为 a 和 b 的值都是 2，所以在控制台输出"true"。

2. 理解条件逻辑运算符

条件逻辑运算符(conditional logical operator)也是一种布尔运算符，它包括逻辑与运算

符(用“&&”表示)和逻辑或运算符(用“||”表示)。它们的作用是将两个条件表达式或值合并成单独一个布尔结果。这两个运算符与前面讲过的相等/关系运算符相似,它们的结果也只能是 true 或 false。不同之处在于,它们的操作数本身的值也必须是 true 或 false。表 5.3 展示了“&&”和“||”运算符是如何工作的。

表 5.3 “&&”和“||”运算符

运算符	含义	运算规则	示例	输出结果
&&	逻辑与	操作数的两个条件表达式都为 true,结果才为“true”,否则为“false”	例1:i=1; bool b=i>0&&i<2; Console.WriteLine(b);	true
||	逻辑或	操作数的两个条件表达式之一为 true,结果就为“true”,否则为“false”	例2:i=1; bool b=i<0||i<2; Console.WriteLine(b);	true

说明:在例 1 中代码“bool b=i>0&&i<2;”经常会被写成“bool b=i>0&&<2;”,这个语句不能编译。可以在表达式中加入圆括号避免这类错误。例如,可以写成“bool b=(i>0)&&(i<2);”,这样写也使得表达式变得更清晰。

例 2 的求值结果为 true。使用运算符||,我们可以判断左右两端的两个表达式结果中是否有任何一个成立,若有一个结果为“true”,则整个表达式结果将为“true”;若两端的表达式结果都为“false”,整个表达式的结果才为“false”。代码“bool b=i<0||i<2;”也可以写作“bool b=(i<0)||(i<2);”。

5.2 使用 if 语句来做出决策

在程序设计中,根据一个条件表达式的结果而采用不同的代码块,就可以使用 if 语句。

5.2.1 实现单分支选择结构

if 语句根据条件表达式的值来决定是否执行后面内嵌的语句块。用 if 语句可实现单分支选择结构,其语法形式(即格式)如下:

```
if(条件表达式)
{
    语句块;
}
```

如果条件表达式求值结果为 true,就运行语句块;如果表达式求值结果为 false,则不执行后面的语句。其执行流程图如图 5.1 所示。

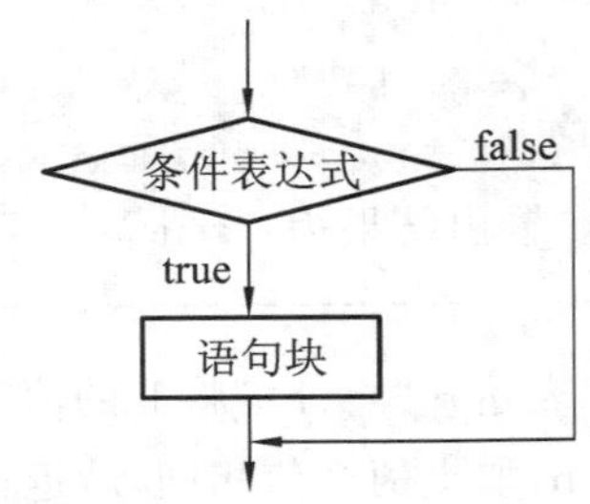

图 5.1 单分支选择结构执行流程图

说明:(1) 语句中的条件表达式通常用来表示条件,其运算结果应为"true"或者"false",可以是关系表达式,或者是逻辑表达式。

在C和C++中,还可以使用(整数表达式)代替(条件表达式),编译器能自动将整数表达式的值转换成布尔值。若整数表达式的值为0,则替换成false;若为非0,则替换成true。但是,C#不允许这样做。如果在编程时出现这样的情况,编译器会报错。

如果在if语句的"()"中写了一个赋值表达式,C#编译器也能识别出这个错误。例如:

```
int i;
…
if(i=1)              //编译时报错,()中不能为赋值表达式
…
if(i==1)             //正确
```

(2) if语句中的表达式也可以使用布尔类型的变量,可以将变量名直接写在"()"中。例如:

```
bool b;
…
if(b)
…
if(b==true)  //与上一条if语句完全等价,可以这样写,但不常用
```

(3) 注意"{"和"}"括起来的内容可以是一条语句,也可以是多条语句。如果只有一条语句,"{"和"}"是可以省略的。

(4) "(条件表达式)"中的括号是不能省略的。

例5.1 编写一个程序实现如下功能:输入一个字符,如果字符等于'q',则输出"退出系统",否则不输出任何信息。要求编写为控制台应用程序。

实现分析 要求输入一个字符,可定义字符型变量接收输入的字符,然后对它进行判断,若字符=='q',则输出一个字符串"退出系统"。输入一个字符可用ReadLine()方法来实现,输出可用WriteLine()方法来实现,对字符的判断可用if语句来实现。

具体实现步骤如下:

(1) 新建一个项目t5-1项目模板:控制台应用程序。

(2) 添加如下代码:

```
public static void Main()
{
    char c;
    c=Convert.ToChar(Console.ReadLine());          //输入一个字符
    if(c=='q')                                      //如果字符为'q'
    {
        Console.WriteLine("退出系统!");             //输出退出信息
    }
}
```

(3) 运行程序,单击"调试"菜单下的"开始执行(不调试)"或者按快捷键Ctrl+F5,结果如图5.2所示。

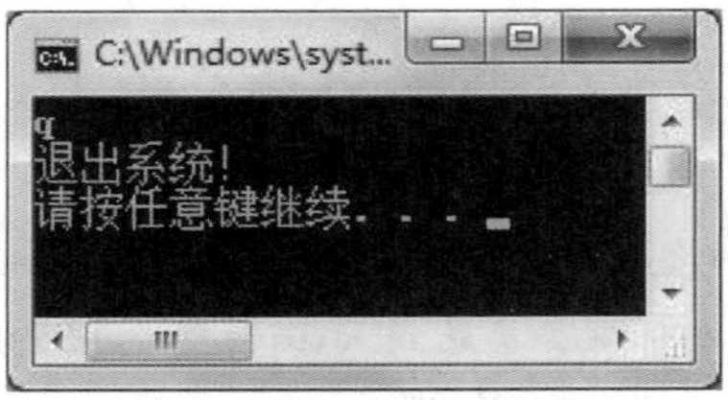

图 5.2　例 5.1 程序运行结果

代码详解

上述程序使用 if 单分支语句,判断输入的字符是否为'q'。

```
c=='q';
```

"=="表示判断左右两端是否完全相等,如果条件成立,则执行"{}"里面的内容。

例 5.2　编写一个控制台应用程序实现如下功能:输入三个整数,输出其中最大的一个。

实现分析　定义一个整型变量 max 用来存储三个数的最大值。从键盘输入三个整数使用方法 Console.ReadLine()来实现。在最开始的时候,并不知道最大值是多少,可将第一个整数的值赋给 max,将 max 的值分别与第二个、第三个整数比较,如果比 max 大,则将其值赋给 max。

具体实现步骤如下:

(1) 新建一个项目 t5-2 项目模板:控制台应用程序。

(2) 添加如下代码:

```
public static void Main()
{
    int a,b,c;
    int max;
    a=Convert.ToInt32(Console.ReadLine());
    b=Convert.ToInt32(Console.ReadLine());
    c=Convert.ToInt32(Console.ReadLine());
    max=a;
    if(b>max)
    {
        max=b;
    }
    if(c>max)
    {
        max=c;
    }
    Console.WriteLine ("三个数{0},{1},{2}中最大的一个为{3}",a,b,c,max);
}
```

(3) 运行程序,单击"调试"菜单下的"开始执行(不调试)"或者按快捷键 Ctrl+F5,结果如图 5.3 所示。

```
C:\Windows\system32\cmd.exe
10
20
30
三个数10, 20, 30中最大的一个为30
请按任意键继续. . .
```

图 5.3　例 5.2 程序运行结果

5.2.2　实现双分支选择结构

用 if 语句实现双分支选择结构的语句，其语法形式如下：

```
if(条件表达式)
{
    语句块 1
}
else
{
    语句块 2
}
```

如果条件表达式求值结果为 true，就运行语句块 1；如果条件表达式求值结果为 false，则执行语句块 2。

功能：首先计算条件表达式的值，如果条件表达式的值为 true，则执行“语句块 1”；如果条件表达式的值为 false，则执行“语句块 2”。语句执行流程如图 5.4 所示。

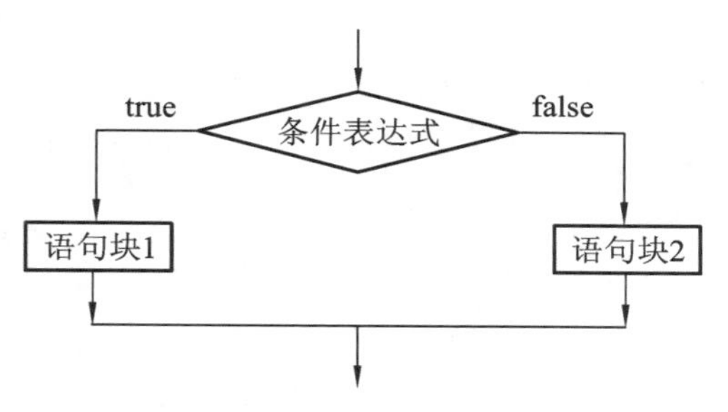

图 5.4　双分支选择结构执行流程图

例 5.3　编写一个 Windows 窗体应用程序实现如下功能：在第一个文本框中输入字符串，单击“显示”按钮，在第二个文本框中显示“您输入的文本是：”并加上第一个文本框中输入的内容。若第一个文本框中未输入文本，则在第二个文本框中输出“请在第一个文本框中输入文本！”，单击“取消”按钮退出程序。程序的设计界面如图 5.5 所示。

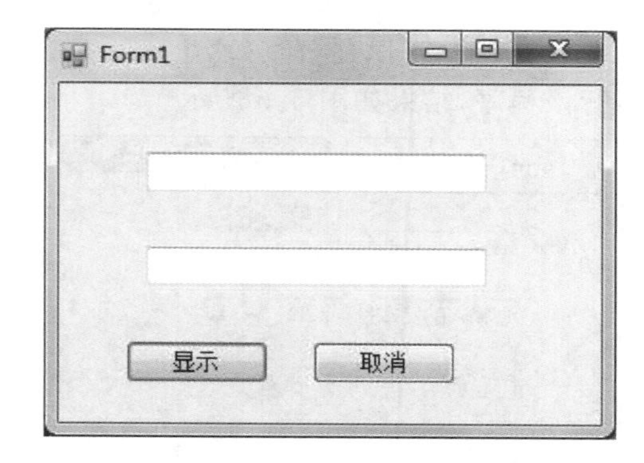

图 5.5　例 5.3 程序设计界面

实现分析 窗体界面应包含两个文本框控件，一个文本框控件(textBox1)输入文本，另一个文本框控件(textBox2)输出程序执行结果。在程序中首先获取 textBox1 的字符串，然后判断它是否为空，如果不为空，则在 textBox2 中显示“您输入的文本是:”加上 textBox1 中输入的内容，如果 textBox1 为空，则在 textBox2 中显示“请在第一个文本框中输入文本!”。

具体实现步骤如下：

(1) 新建项目：创建 Windows 窗体应用程序，项目的名称为“t5-3”。

(2) 根据题目要求选中 Form1 窗体，设计程序界面。本例窗体及控件对象的属性设置如表 5.4 所示。

表 5.4　例 5.3 控件对象属性设置及其功能

对　象　名	属　性　名	属　性　值	说　　明
textBox1	Text	""	用来输入文本
textBox2	Text	""	显示文本
button1	Text	"显示"	单击它将输入文本显示在 textBox2 中
button2	Text	"退出"	单击它将退出应用程序

(3) 找到 button1 按钮控件，添加 button1 的 Click 事件，代码如下：

```
private void button1_Click(object sender, System.EventArgs e)
{
    String s;
    s=textBox1.Text.ToString();
    if (s=="")                    //判断文本是否为空
        textBox2.Text="请在第一个文本框中输入文本!";
    else
        textBox2.Text="您输入的文本是:"+s;
}
```

找到 button2 按钮控件，添加 button2 的 Click 事件，代码如下：

```
private void button2_Click(object sender, System.EventArgs e)
{
   Application.Exit();         //退出
}
```

(4) 保存程序，选择“文件”菜单项的“保存”命令或单击工具栏上的“保存”按钮，然后按 F5 键或 Ctrl+F5 快捷键运行该程序，结果如图 5.6 所示。

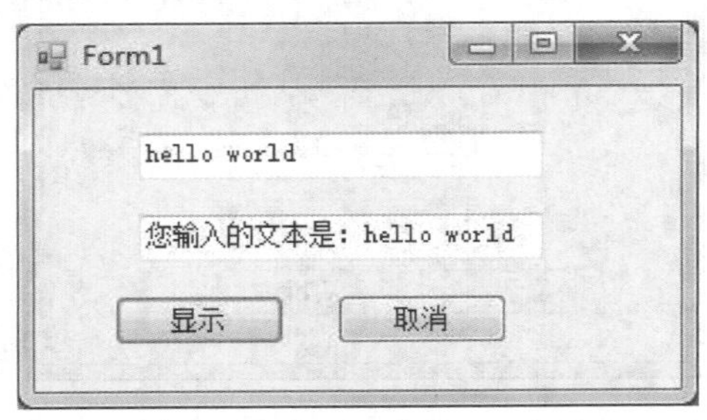

图 5.6　例 5.3 程序运行结果

5.2.3 实现多分支选择结构

用 if 语句实现多分支选择结构的语句，其语法形式如下：

```
if(条件表达式 1)
{
    语句块 1
}
else if(条件表达式 2)
{
    语句块 2
}
…
else if(条件表达式 n)
{
    语句块 n
}
else
语句块 n+1;
```

说明：(1) 多分支选择语句的执行过程为：首先判断条件表达式 1 的值，如果为 true，执行语句块 1，否则继续判断条件表达式 2 的值，如果条件表达式 2 的值为 true，执行语句块 2，否则，判断条件表达式 n 的值……如果所有的条件表达式的值都不成立，则执行 else 后面的语句块 n+1。执行过程如图 5.7 所示。

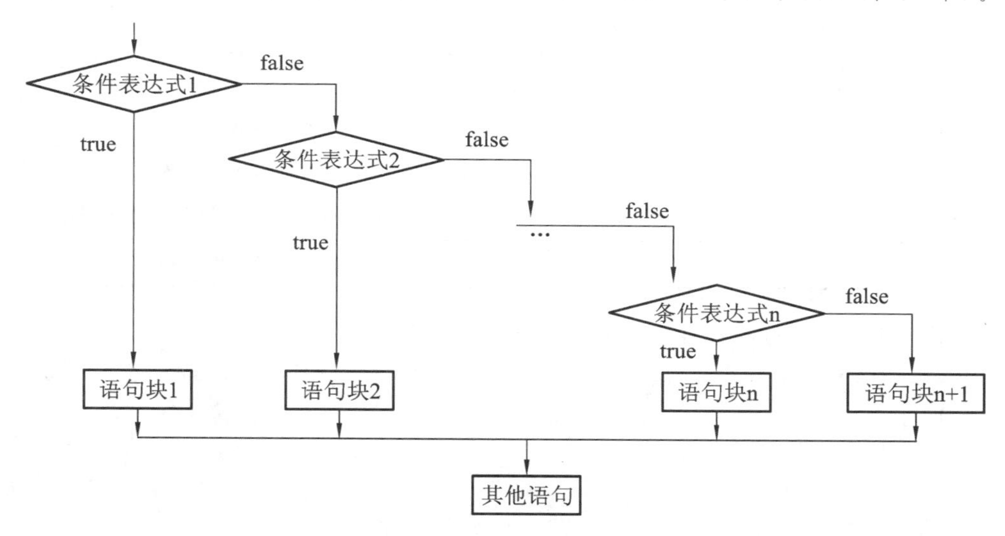

图 5.7 多分支选择结构执行流程图

(2) 条件表达式 1 和条件表达式 2 是必须有的，其他判断条件可选。

(3) 注意在 else 和 if 之间有空格，是两个关键字，不要连在一起写成“elseif”的形式。

(4) {语句块 1}、{语句块 2}……可以是一条语句或多条语句。如果是多条语句，必须使用大括号括起来；如果只有一条语句，“{}”可以省略。

(5) 不管有几个分支，如果条件表达式成立，则执行后面的语句块。程序执行了其中一个分支后，其余分支不再执行，如果有多个条件表达式都满足要求，则只执行第一个与之匹配的语句块。

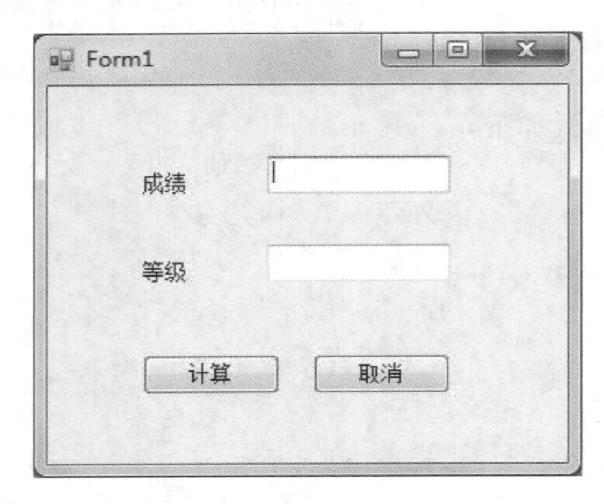

图 5.8　例 5.4 程序设计界面

例 5.4　编写一个 Windows 窗体应用程序实现如下功能：在文本框中输入成绩，在第二个文本框中显示对应的等级。若第一个文本框中输入内容不在“0－100”之内，则在第二个文本框中输出“请输入有效成绩(0－100)!”，共分 5 个等级：小于 60 分的为“E”；60～69 分为“D”；70～79 分为“C”；80～89 分为“B”；90 分及以上为“A”。程序的设计界面如图 5.8 所示。

实现分析　根据题意，窗体界面应包含两个文本框控件，一个文本框控件(textBox1)输入成绩，另一个文本框控件(textBox2)输出成绩对应等级。在程序中首先获取 textBox1 的字符串并转换成整数类型，然后判断它是否为有效成绩。如果不是有效成绩，则在 textBox2 中显示“请输入有效成绩(0－100)!”；若是有效成绩，则在 textBox2 中显示对应等级。

具体实现步骤如下：

(1) 新建项目：创建 Windows 窗体应用程序，项目的名称为“t5-4”。

(2) 根据题目要求选中 Form1 窗体，设计程序界面。本例窗体及控件对象的属性设置如表 5.5 所示。

表 5.5　例 5.4 控件对象属性设置及其功能

对象名	属性名	属性值	说明
label1	Text	"成绩"	
label2	Text	"等级"	
textBox1	Text	""	用来输入成绩
textBox2	Text	""	显示成绩等级
button1	Text	"计算"	单击它将输入成绩的等级显示在 textBox2 中
button2	Text	"取消"	单击它将退出应用程序

(3) 找到 button1 按钮控件，添加 button1 的 Click 事件，代码如下：

```
private void button1_Click(object sender, System.EventArgs e)
{
    int c;
    string d;
    c=Convert.ToInt32( textBox1.Text.ToString());
    if (c<=100&&c>=90)
        d="A";
   else if(c>=80)
        d="B";
   else if(c>=70)
        d="C";
   else if(c>=60)
        d="D";
```

```
        else if(c>=0&&c<60)
            d="E";
        else
            d="请输入有效成绩(0-100)!";
         textBox2.Text=d;
    }
```

(4) 保存程序,选择"文件"菜单项的"保存"命令或单击工具栏上的"保存"按钮,然后按F5键或Ctrl+F5快捷键运行该程序,结果如图5.9所示。

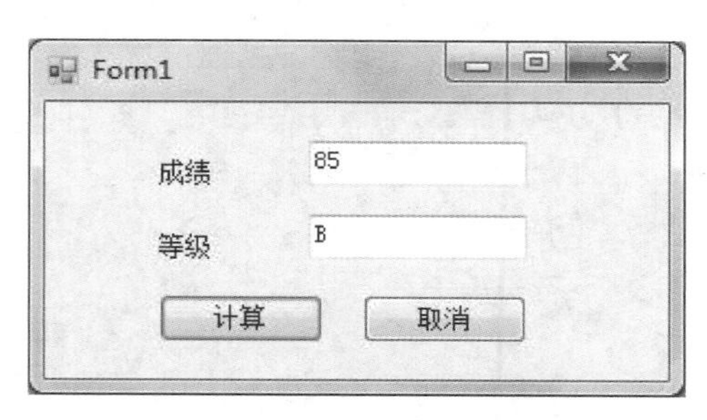

图5.9 例5.4程序运行结果

5.2.4 分支语句的嵌套

if语句可以嵌套使用,在判断的执行语句里又有判断,其语法形式如下:

```
if(条件表达式 1)
{
    if(条件表达式 2)
    {
        语句块 2
    }
    else
    {
        if(条件表达式 3)
        {
            语句块 3
        }
        else
            语句块 4;
    }
}
```

注意:(1) 在if语句的嵌套结构中,一定要注意else与if的匹配关系。配对原则是else子句总是与在它上面、距它最近且尚未匹配的if配对。

(2) 多个分支语句嵌套时特别容易结构混乱,"if"找不到与它配对的"else"的情况。为明确匹配关系,避免错误,建议在编码时将内嵌的"if…else"语句用大括号括起来。

(3) if语句允许嵌套来实现较复杂的程序,但嵌套的层数不宜过多。在实际编程时,应尽量控制嵌套层数,一般在三层之内为宜。

例 5.5 用 if 语句的嵌套重写例 5.4。

实现分析 界面部分与例 5.4 一致，不再重复介绍，使用 if 的嵌套重写 button1 按钮的 Click 单击事件。代码如下：

```
private void button1_Click(object sender, System.EventArgs e)
{
    int c;
    string d;
    c=Convert.ToInt32( textBox1.Text.ToString());
    if(cj<=100&&cj>=0)
    {
        if (cj<=100&&cj>=90)
            d="A";
        else if(cj>=80)
            d="B";
        else if(cj>=70)
            d="C";
        else if(cj>=60)
            d="D";
        else if(cj>=0&&cj<60)
            d="E";
    }
    else
    {
        d="请输入有效成绩(0-100)!";
    }
    textBox2.Text=d;
}
```

5.3 使用 switch 语句

想要实现多分支，除了使用 if 语句外，还可以通过 switch 语句来实现。switch 语句的语法形式如下。

```
switch(表达式)
{
    case 常量表达式 1：语句 1；
        break；
    case 常量表达式 2：语句 2；
        break；
    …
    case 常量表达式 n：语句 n；
        break；
```

```
    [default:  语句 n+1;break;]
}
```

说明:(1) switch 后面括号中的表达式只能是基本数据类型,通常是一个整型或字符型的表达式。

(2) 程序执行时首先求得 switch 后面表达式的值,然后依次与 case 后面的常量表达式 1,常量表达式 2,…,常量表达式 n 比较,若表达式的值与某 case 后面的常量表达式的值相等,则执行此 case 后面的语句,然后执行 break 语句,并退出该分支语句。

(3) 若 switch 后面表达式的值与所有 case 后面的常量表达式的值都不相同,则执行 default 后面的"语句 n+1",执行后退出该分支语句,退出后程序继续执行 switch 语句"}"后的下一条语句。

(4) 各个 case 后面的常量表达式不一定要按值的大小顺序来排列,但要求各常量表达式的值不能相同,保证分支选择的唯一性。

(5) 满足某个分支如需要执行多条语句,可以用大括号括起来,也可以不加大括号。因为满足某个分支后,程序会自动顺序执行本分支后面的所有可执行语句。

(6) default 语句放在最后。default 语句也可以省略,当 default 语句省略后,如果分支语句表达式的值与任何一个常量表达式的值都不相等,则将不执行任何语句,直接退出分支语句。

(7) 各分支语句中的 break 不可以省略,否则编译器会报错。

例 5.6 用 switch 语句重写例 5.4。要求编写为 Windows 窗体应用程序。

实现分析 用 switch 语句实现求成绩的相应等级的功能,根据 switch 的运算规则,首先计算 switch 后面的表达式,判断表达式的值,为每个可能的值设计一个分支。如果直接用成绩作为 switch 后面的表达式的值,分支数将达到数十个之多,显然是不适合的。分析题意可知,成绩的等级的开始值都能被 10 整除,因此 switch 后面的表达式可以是用成绩的值整除 10 来得到。将保存成绩的变量定义为整型,也可以是实型,如果成绩为实型,只需在程序中用类型转换函数把实型转换为整型就可以了。

界面部分与例 5.4 一致,不再重复介绍,使用 switch 语句重写 button1 按钮的 Click 单击事件。代码如下:

```
private void button1_Click(object sender, System.EventArgs e)
{
    int c;
    string d;
    c=Convert.ToInt32( textBox1.Text.ToString());
    switch(c/10)
    {
        case 10:
        case 9: d="A"; break;
        case 8: d="B"; break;
        case 7: d="C"; break;
        case 6: d="D"; break;
        case 5:
        case 4:
        case 3:
```

```
            case 2:
            case 1:
            case 0:d="E"; break;
            default:
                d="请输入有效成绩(0-100)!";  break;
        }
        textBox2.Text=d;
    }
```

程序运行结果如图 5.10 所示。

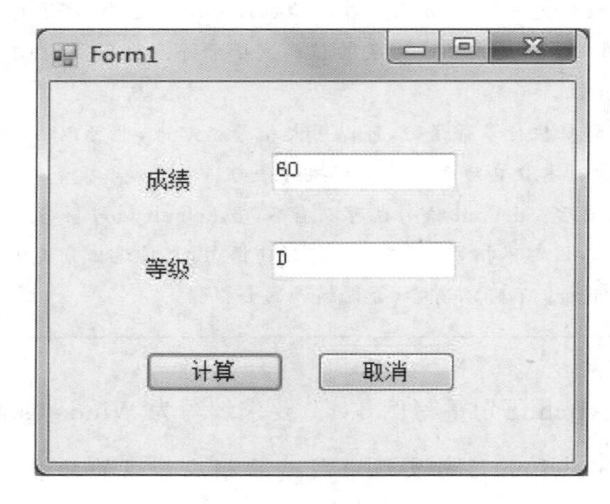

图 5.10　例 5.6 程序运行结果

5.4　综合实验

5.4.1　实验一

例 5.7　编写一个程序，输入一个字符，如果输入的字符是大写字母，则转换为小写字母；如果输入的字符是小写字母，则转换为大写字母，否则不转换。

实现分析　用 if 语句实现判断输入字符是否为大写字母或小写字母的功能，首先获取输入的字符，根据 if 多分支的运算规则，对输入的字符进行判断是大写字母、小写字母还是不是字母。再根据不同的判断结果进行相应处理。

具体实现步骤如下：

（1）新建一个项目 t5-7 项目模板：控制台应用程序。

（2）添加如下代码：

```
using System;
using System.Collections.Generic;
using System.Linq;
using System.Text;
namespace t5_7
```

```
{
    class Program
    {
        static void Main(string[] args)
        {
            char ch, c;
            Console.WriteLine("请输入一个字符");
            ch=char.Parse(Console.ReadLine());
            if (ch>='A' && ch <='Z')
            {
                c=(char)(ch+32);
                Console.WriteLine("字符{0}为大写字母,转换为小写字母为{1}", ch, c);
            }
            else if (ch>='a' && ch <='z')
            {
                c=(char)(ch-32);
                Console.WriteLine("字符{0}为小写字母,转换为大写字母为{1}", ch, c);
            }
            else
            {
                Console.WriteLine("{0}既不是大写字母也不是小写字母", ch);
            }
        }
    }
}
```

(3) 运行程序,单击“调试”菜单下的“开始执行(不调试)”或者按快捷键 Ctrl+F5,结果如图 5.11 所示。

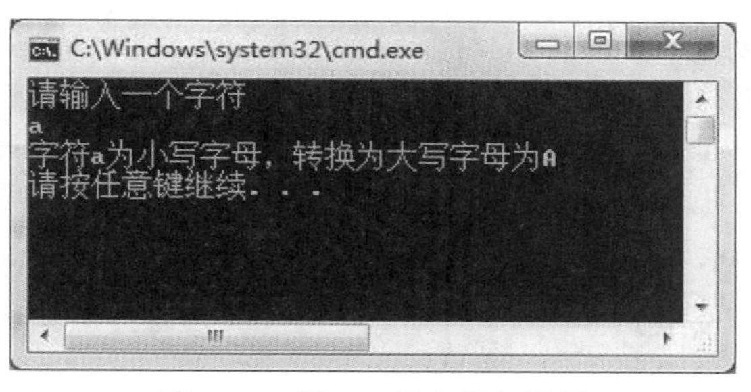

图 5.11　例 5.7 程序运行结果

5.4.2　实验二

例 5.8　编写一个程序,实现产品的收银功能,选择不同的产品提示收取相应金额,如果选择奶茶,需要进一步选择奶茶的型号,不同型号的奶茶金额不同。

实现分析　用 switch 语句实现选择不同产品提示收取相应金额的功能,首先用户在控制台上输入对应产品的种类编号,根据 switch 多分支的运算规则,对输入的编号进行判断选择的产品种类，再根据不同的结果进行相应处理。

具体实现步骤如下：

(1) 新建一个项目 t5-8 项目模板：控制台应用程序。

(2) 在 Program. cs 文件中，找到 Program 类，定义方法 getWater(int i)。该方法根据传入的整数判断奶茶的型号以及需要付费的金额，添加如下代码：

```
class Program
{
    public static void getWater(int i)
    {
        switch (i)
        {
            case 1:
                Console.WriteLine("小杯奶茶,请付费￥3.0。");
                break;
            case 2:
                Console.WriteLine("中杯奶茶,请付费￥4.0。");
                break;
            default:
                Console.WriteLine("大杯奶茶,请付费￥5.0。");
                break;
        }
    }
}
```

(3) 找到 Main 函数，添加如下代码。

```
static void Main(string[] args)
{
    Console.WriteLine(
        "请选择产品种类: 1=(矿泉水, ￥2.0) 2=(豆浆, ￥3.0) 3=(奶茶)");
    Console.Write("您的选择是: ");
    //读入用户选择,把用户的选择赋值给变量 n
    string s=Console.ReadLine();
    int n=int.Parse(s);
    switch (n)
    {
        case 1:
            Console.WriteLine("矿泉水,请付费￥2.0。");
            Console.WriteLine();
            break;
        case 2:
            Console.WriteLine("豆浆,请付费￥3.0。");
            Console.WriteLine();
            break;
```

```
                default:
                    {
                        Console.WriteLine();
                        Console.WriteLine(
            "请选择奶茶型号：1=(小杯，￥3.0) 2=(中杯，￥4.0) 3=(大杯，￥5.0)");
                        Console.Write("您的选择是：");
                        //读入用户选择,把用户的选择赋值给变量 n1
                        string s1=Console.ReadLine();
                        int n1=int.Parse(s1);
                        //根据用户的输入提示付费信息
                        getWater(n1);
                        Console.WriteLine();
                        break;
                    }
            }
            //显示提示,显示结束使用提示
            Console.WriteLine("谢谢使用,欢迎再次光临！");
        }
```

(4) 运行程序,单击"调试"菜单下的"开始执行(不调试)"或者按快捷键 Ctrl+F5,结果如图 5.12 所示。

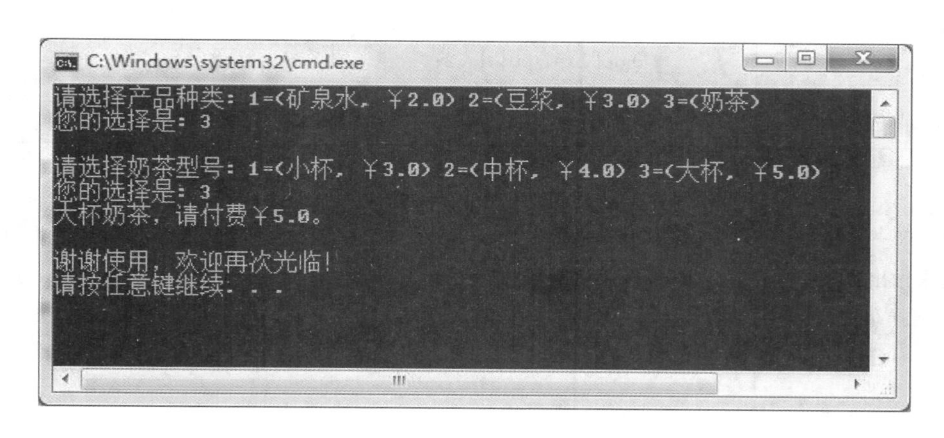

图 5.12 例 5.8 程序运行结果

小　　结

本章主要介绍了布尔运算符,讲述了如何使用布尔运算符进行程序决策。另外,还讲述了决策语句的概念,介绍了如何运用不同的选择结构语句来开发程序。

知识点	操作
使用布尔运算符	使用关键字 bool,赋值时只能是"true"或者"false"

续表

<table>
<tr><th>知　识　点</th><th>操　　作</th></tr>
<tr><td>相等运算符</td><td>使用操作符＝＝或！＝
示例：i＝＝1；　i！＝1；</td></tr>
<tr><td>关系运算符</td><td>使用操作符<，<＝，>或>＝
示例：i<10；　i <＝1；　i>0；　i>＝2；</td></tr>
<tr><td>声明一个布尔变量</td><td>声明 bool 类型
示例：bool b；</td></tr>
<tr><td>逻辑与</td><td>创建一个布尔表达式，只有在两个条件为 true 时，该表达式才为 true。使用操作符 &&。
示例：i＝1；
bool b＝i>0&&i<2；
Console.WriteLine(b)；</td></tr>
<tr><td>逻辑或</td><td>创建一个布尔表达式，只要两个条件中的一个为 true，该表达式就为 true。使用操作符||。
示例：i＝1；
bool b＝i<0||i<2；
Console.WriteLine(b)；</td></tr>
<tr><td>if 语句来做出决策
单分支选择结构</td><td>使用一条 if 语句加一个代码块。
其语法形式如下：
if(条件表达式)
{
语句块；
}</td></tr>
<tr><td>双分支选择结构</td><td>其语法形式如下：
if(条件表达式)
{
　　语句块 1
}
else
{
　　语句块 2
}</td></tr>
</table>

续表

知 识 点	操 作

多分支选择结构	其语法形式如下：
	if(条件表达式 1)
	{
	语句块 1
	}
	else if(条件表达式 2)
	{
	语句块 2
	}
	…
	else if(条件表达式 n)
	{
	语句块 n
	}
	else
	语句块 n+1；

分支语句的嵌套	其语法形式如下：
	if(条件表达式 1)
	{
	if(条件表达式 2)
	{
	语句块 2
	}
	else
	{
	if(条件表达式 3)
	{
	语句块 3
	}
	else
	语句块 4；
	}
	}

switch 语句	switch 语句的语法形式如下。
	switch(表达式)
	{
	case 常量表达式 1：语句 1；
	break；
	case 常量表达式 2：语句 2；
	break；
	…
	case 常量表达式 n：语句 n；
	break；
	[default： 语句 n+1；break；]
	}

课后练习

一、选择题

1. 能正确表示逻辑关系“a≥10 或 a≤0”的C#语言表达式是(　　)。

A. a>=10ora<=0　　B. a>=10|a<=0　　C. a>=10&&a<=0　　D. a>=10||a<=0

2. 下列运算符中属于关系运算符的是(　　)。

A. ==　　B. =　　C. +=　　D. -=

3. 在C#语言中,if语句后面的表达式应该是(　　)。

A. 逻辑表达式　　B. 条件表达式

C. 关系表达式　　D. 布尔类型的表达式

4. 在C#语言中,if语句后面的表达式,不能是(　　)。

A. 逻辑表达式　　B. 算术表达式

C. 关系表达式　　D. 布尔类型的表达式

5. 在C#语言中,switch语句用(　　)来处理不匹配case语句的值。

A. default　　B. anyelse　　C. break　　D. goto

6. 下列程序的输出结果是(　　)。

```
public static void Main(string[] args)
{     int x=1,a=0,b=0;
      switch(x)
      {     case 0:  b++; break;
            case 1:  a++; break;
            case 2:  a++; b++; break;
      }
      Console.WriteLine("a={0},b={1}",a,b);
}
```

A. a=2,b=1　　B. a=1,b=1　　C. a=1,b=0　　D. a=2,b=2

二、填空题

1. 在switch语句中,在每个分支的最后应有一条________语句。

2. 有以下程序代码,若执行时从键盘上输入9,则输出结果是________。

```
class Program
{     public static void Main(string[] args)
      {     int n;
            n=int.Parse (Console.ReadLine());
            if (n++<10) Console.WriteLine("{0}", n);
            else Console.WriteLine("{0}", n--);
            Console.Read();
      }
}
```

3. 下列程序的运行结果是________。

```
static void Main(string[] args)
{     int a=15,b=21,m=0;
    switch (a%2)
    {     case 0: m++;break;
          case 1: m++;
          switch (b%2)
          {     case 0:  m++; break;
                default: m=m+2; break;
          }
          break;
     }
   Console.WriteLine("m={0}", m);
}
```

第6章 使用循环语句

本章介绍了如何使用循环语句实现程序中语句的重复操作。在编写循环语句时，我们要注意控制循环次数和循环的内容。通常，我们可以定义一个变量作为循环步长，当这个变量达到一定特定值时停止循环。

本章要点

- 使用 while、for 和 do 循环语句
- 掌握 break，continue，goto，return 的使用方法

6.1 循环

在编程时我们往往需要对同一个操作重复执行多次，这个时候我们就可以使用循环结构。循环就是重复执行语句。这个技术使我们的程序变得更加方便、整洁，因为可以对操作重复任意多次(上千次，甚至百万次)，而无须每次都编写相同的代码。

例如，需在控制台上输出 10 行“***************”，如果不使用循环结构，代码如下：

```
Console.WriteLine("***************");
Console.WriteLine("***************");
Console.WriteLine("***************");
Console.WriteLine("***************");
Console.WriteLine("***************");
Console.WriteLine("***************");
Console.WriteLine("***************");
Console.WriteLine("***************");
Console.WriteLine("***************");
Console.WriteLine("***************");
```

将相同代码编写 10 次很费时间，如果现在要输出 100 行“***************”，又会如何？那就必须把该代码行手工复制 100 次，可想而知，这是一件很痛苦的事。但是，如果我们使用循环，就可以很好地解决这个问题。

C# 为我们提供了四种循环语句，分别适用于不同的情形：

- while 语句
- do…while 语句
- for 语句
- foreach 语句

6.2 使用 while 语句

while 语句实现的循环属于当型循环，这种循环的执行顺序是先测试循环条件，再执行

循环体。while 语句的语法形式如下：

while (条件表达式)

{

语句块;//循环体部分

}

执行流程：首先计算 while 后面圆括号内的条件表达式的值，如果其值为 true(条件成立)，则执行语句块即循环体部分，然后再次计算 while 后面圆括号内的条件表达式的值，重复上述过程，当某一次计算条件表达式的值，结果为 false(条件不成立)时，则退出循环，执行下一条语句。while 语句执行流程如图 6.1 所示。

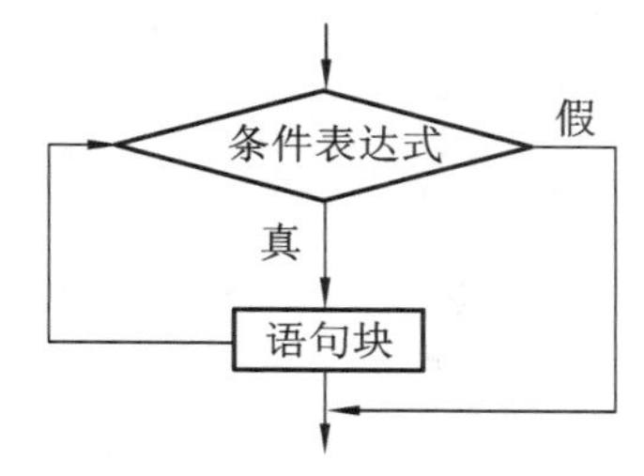

图 6.1　while 语句执行流程

说明：(1) while 后面的条件表达式必须是布尔表达式。

(2) 条件表达式必须放在圆括号中。

(3) 执行循环首先要判断条件表达式，若条件表达式的值为 false，循环体部分将一次也不执行。因此，当型循环又称"允许 0 次循环"。

(4) 如果循环体部分要执行两条或更多条语句，必须用大括号将语句分组成代码块。

(5) 通常进入循环时，括号内部的条件表达式的值为 true，但循环最终都要退出，因此在循环体中应有使循环趋于结束的语句，即能够使条件表达式的值由 true 变为 false 的语句。

例 6.1　编写一个程序实现如下功能：使用 while 语句向控制台写入值 0～9。一旦变量 i 的值变成 10，while 语句中止，不再运行代码块。要求编写为控制台应用程序。

实现分析　要求输出 0～9，可定义整型变量表示输出整数，初值为 0，然后对它进行判断：若小于 10，则继续输出；若大于 10，则终止输出。可用循环结构实现整数的输出。

具体实现步骤如下：

(1) 新建一个项目 t6-1 项目模板：控制台应用程序。

(2) 添加如下代码：

```
using System;
using System.Collections.Generic;
using System.Linq;
using System.Text;
namespace t6_1
{
    class Program
    {
        static void Main(string[] args)
        {
            int i=0;
            while(i<10)
            {
```

```
                Console.WriteLine(i);
                i++;
            }
        }
    }
}
```

(3) 运行程序，单击“调试”菜单下的“开始执行(不调试)”或者按快捷键 Ctrl+F5，结果如图 6.2 所示。

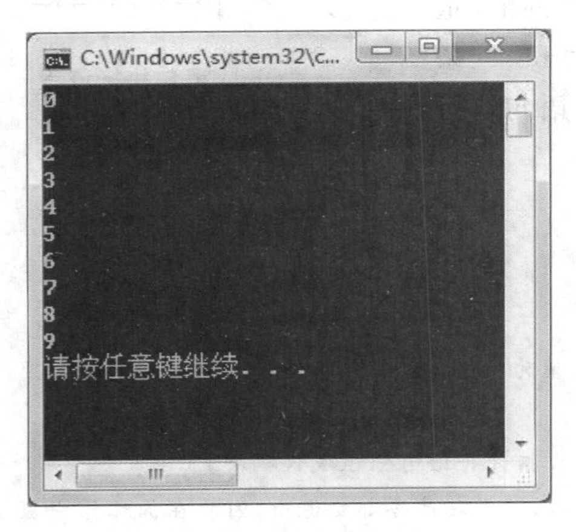

图 6.2　例 6.1 程序运行结果

代码详解　所有 while 语句都应可以终止。编程经常出现的错误是忘记设置终止循环的语句。在上例中，这个语句就是“i++;”。

在例 6.1 中，设立了变量 i 来控制 while 循环的循环次数。这是常见的编程方法，像 i 这样可以控制循环次数的变量有些地方也称为哨兵变量。如果我们要创建嵌套循环，一般会多定义几个“哨兵”，这种情况下一般延续该命名模式来使用 j，k 等作为“哨兵”变量名。

while 语句后面的循环体语句如果只有一条语句可以省略“{}”。但是我们还是建议不要省略“{}”，即使其中只有一条语句，这样编程结构更清晰、后添加代码更省心。如果没有“{}”，while 后的第一条语句会默认为循环体部分，可能会造成难以发现的错误。例如以下代码：

```
int i=0;
while(i<10)
    Console.WriteLine(i);
    i++;
```

“i++;”被认为在循环体之外，导致代码将无限循环、无限显示零，语句虽然缩进但编译器不把它视为循环体的一部分。

例 6.2　编写一个程序实现如下功能：找出 100 以内与 3 相关的数(能被 3 整除，个位数是 3，十位数是 3)，并在控制台上输出。要求编写为控制台应用程序。

具体实现步骤如下：

(1) 新建一个项目 t6-2 项目模板：控制台应用程序。

(2) 添加如下代码：

```
using System;
using System.Collections.Generic;
using System.Linq;
using System.Text;
namespace t6_2
{
    class Program
```

```
        {
            static void Main(string[] args)
            {
                int i=1;
                while(i<=100)
                {
                    if(i%3==0 || i%10==3||i/10==3)
                    {
                        Console.Write(i+"\t");
                    }
                    i++;
                }
            }
        }
    }
```

(3) 运行程序,单击"调试"菜单下的"开始执行(不调试)"或者按快捷键 Ctrl+F5,结果如图 6.3 所示。

```
C:\Windows\system32\cmd.exe
3       6       9       12      13      15      18      21      23      24
27      30      31      32      33      34      35      36      37      38
39      42      43      45      48      51      53      54      57      60
63      66      69      72      73      75      78      81      83      84
87      90      93      96      99      请按任意键继续. . .
```

图 6.3 例 6.2 程序运行结果

例 6.3 编写一个程序实现如下功能:使用 while 循环计算"1+2+3+…+100"的和。要求编写为控制台应用程序。

实现分析 本例要实现一种循环求解中常见的功能——连加。求"1+2+3+…+100"的结果,我们发现这个表达式中的每一个操作数都比它前一个操作数大 1。联想例 6.1 在控制台输出 0~9 的题目,可以定义变量 i 来代表每一个操作数,i 的初值为 1,我们还需要定义一个变量 sum,作为收集器,用来收集每一个 i 的值(将每一个 i 的值加到收集器上),sum 最初应该是空的,所以变量初值为 0。将每一个 i 加到 sum 中,i 自身再加 1。

具体实现步骤如下:

(1) 新建一个项目 t6-3 项目模板:控制台应用程序。

(2) 添加如下代码:

```
using System;
using System.Collections.Generic;
using System.Linq;
using System.Text;
namespacet6_3
```

```
{
    class Program
    {
        static void Main(string[] args)
        {
            int sum, i=1;
            sum=0;
            while(i<=100)
            {
                sum=sum+i;
                i=i+1;
            }
            Console.WriteLine("1+2+…+100={0}", sum);
        }
    }
}
```

(3) 运行程序，单击“调试”菜单下的“开始执行(不调试)”或者按快捷键 Ctrl+F5，结果如图 6.4 所示。

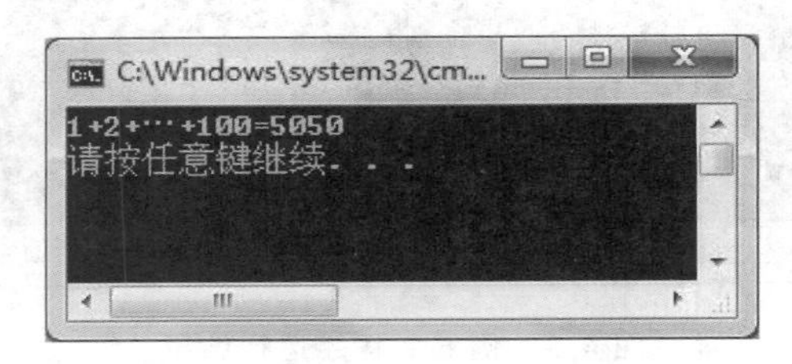

图 6.4 例 6.3 程序运行结果

6.3 do…while 循环语句

do…while 语句实现的循环是直到型循环，该类循环先执行循环体，再测试循环条件。do…while 语句的语法形式如下：

```
do
{
    语句块;//循环体部分
} while (条件表达式);
```

执行流程：先执行循环体中的语句，然后计算条件表达式的值，若条件表达式的值为 true(即条件成立)，则再继续执行循环体中的语句；如此循环，直到条件表达式的值为 false(即条件不成立)，将不再执行循环体，而是转到循环体后面的语句执行。do…while 语句执行流程如图 6.5 所示。

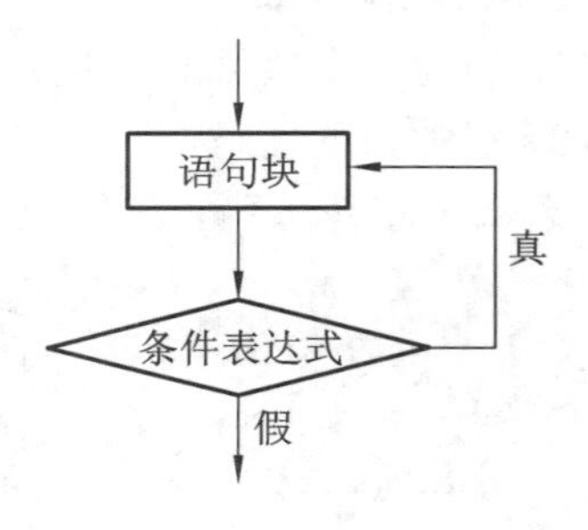

图 6.5 do…while 语句执行流程

说明:(1) do…while 语句先执行循环体语句,后判断条件表达式。所以,无论一开始条件表达式的值是 true 还是 false,循环体中的语句至少执行一次,因此直到型循环又称"不允许 0 次循环"。

(2) 如果 do…while 语句的循环体部分是由多个语句组成的,则大括号不可省略;如果循环体部分只有一条语句,则大括号可以省略。

例 6.4 改写例 6.3:使用 do…while 循环计算"1+2+3+…+100"的和。要求编写为控制台应用程序。

具体实现步骤如下:

(1) 新建一个项目 t6-4 项目模板:控制台应用程序。

(2) 添加如下代码:

```
using System;
using System.Collections.Generic;
using System.Linq;
using System.Text;
namespacet6_4
{
    class Program
    {
        static void Main(string[] args)
        {
            int sum, i=1;
            sum=0;
            do
            {
                sum=sum+i;
                i=i+1;
            } while (i <=100);
            Console.WriteLine("1+2+…+100={0}", sum);
        }
    }
}
```

(3) 运行程序,单击"调试"菜单下的"开始执行(不调试)"或者按快捷键 Ctrl+F5,结果如图 6.6 所示。

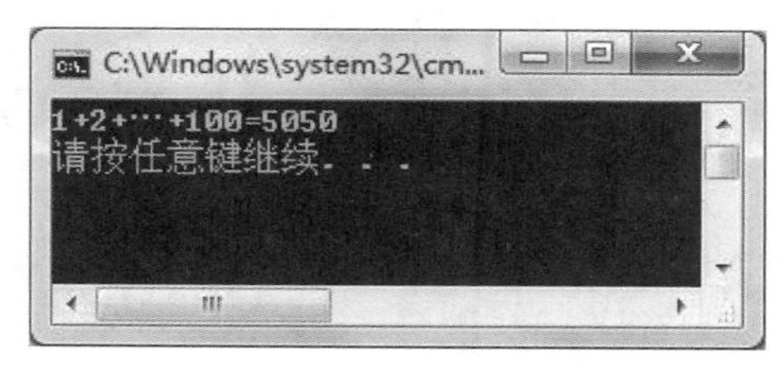

图 6.6 例 6.4 程序运行结果

6.4 编写 for 循环

如果编程时我们已经知道了需要循环多少次，那么用 for 语句来实现循环比较容易，所以 for 循环语句有时也称为计数循环语句。该语句的语法形式如下：

```
for(表达式 1;表达式 2;表达式 3)
{
        语句块;//循环体部分
}
```

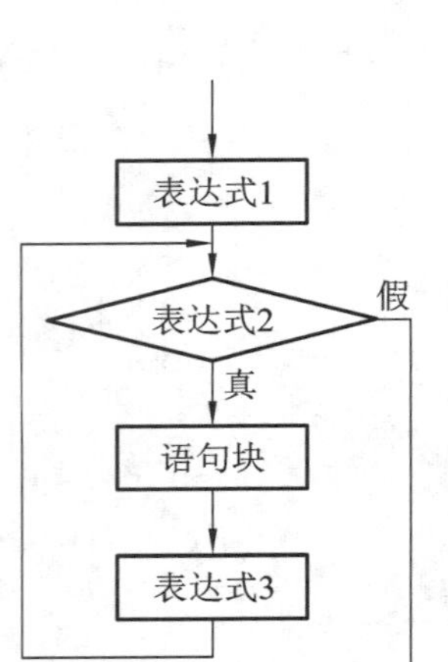

图 6.7　for 循环执行流程

执行流程：

(1) 计算表达式 1。

(2) 计算表达式 2，若表达式 2 的值为 true，则执行 for 循环中的循环体部分。

(3) 循环体执行后，计算表达式 3。

(4) 跳转到(2)，再计算表达式 2，若表达式 2 的值为 true，再执行 for 循环中的循环体部分。

(5) 如此循环，当某次循环表达式 2 的值为 false 时，则退出 for 循环，执行 for 后面的语句。

for 语句的执行流程如图 6.7 所示。

说明：(1) for 语句中的表达式 1 可省略，此时应在 for 循环之前给循环变量赋值。

(2) 表达式 2 应是逻辑表达式或关系表达式，也可省略。如果省略表达式 2，则程序默认表达式 2 的值为 true，此时要退出循环需要使用 break 语句。

(3) 表达式 3 也可以省略，但此时要保证循环能正常结束。

(4) 可以省略表达式 1 和表达式 3，只有表达式 2，即只给循环条件。

(5) 表达式 1、表达式 2 和表达式 3 均可省略。

例 6.5　改写例 6.1：使用 for 循环向控制台写入值 0～9。一旦变量 i 的值变成 10，while 语句中止，不再运行代码块。要求编写为控制台应用程序。

具体实现步骤如下：

(1) 新建一个项目 t6-5，项目模板：控制台应用程序。

(2) 添加如下代码：

```
using System;
using System.Collections.Generic;
using System.Linq;
using System.Text;
namespacet6_5
{
    class Program
    {
```

```
            static void Main(string[] args)
            {
                for(int i=0; i<10; i++)
                {
                    Console.WriteLine(i);
                }
            }
        }
    }
```

（3）运行程序，单击“调试”菜单下的“开始执行（不调试）”或者按快捷键 Ctrl＋F5，结果如图 6.8 所示。

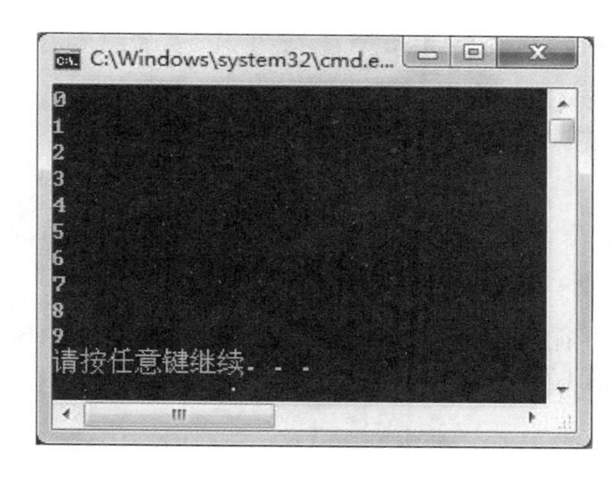

图 6.8　例 6.5 程序运行结果

说明：(1) 初始化“int i=0”只在循环开始时发生一次。

(2) 如果布尔表达式“i<10”的结果为 true，就执行循环体语句“Console. WriteLine(i);”。

(3) 随后，控制变量更新，执行“i++”。

(4) 再次对循环条件“i<10”进行判断。如果仍为 true，将再次执行循环体语句“Console. WriteLine(i);”。

(5) 控制变量更新，判断循环条件，执行循环体……如此反复。

注意：和 while 语句一样，在设计 for 循环时循环体代码尽量使用“{}”，即使其中只有一条语句。这样一来，以后添加代码就更省心。

for 循环的三个部分中，如果省略表达式 2，表达式 2 就默认为 true。例题 6.5 的 for 循环可以写成下面的代码：

```
    for (int i=0; ;i++)
    {
    if(i>=10)
        break;
        Console.WriteLine(i);
    }
```

省略表达式 1 和表达式 3，改写例题 6.5 的 for 循环，如下所示：

```
int i=0;
for(; i<10; )
{
    Console.WriteLine(i);
    i++;
}
```

注意:for 循环的表达式 1、表达式 2 和表达式 3 这三个部分必须用分号分隔,即使表达式被省略,分号也不能省略。

实际编程时,for 循环可能不止需要一个初始化语句(表达式 1)和更新语句(表达式 3),可在 for 循环中提供多个初始化语句和多个更新语句,多个语句之间需要使用逗号分隔。需要注意的是,条件表达式(表达式 2)只能有一个。如下例所示:

```
for (int i=0, j=10; i<=j; i++, j--)
{
    …
}
```

例 6.6 使用 for 循环,显示计算机的 ASCII 码(显示 ASCII 码的前 125 个整数与其字符)。要求编写为控制台应用程序。

实现分析 前文我们尝试在控制台上输出 0～9 的整数,如果输出 0～125 个整数,只需将循环条件改为"i<=125"即可。显示每个整数对应的字符需要使用强制转换,将整数类型的 i 通过"(char)i"强制转换为字符,使用 for 循环输出。

具体实现步骤如下:

(1) 新建一个项目 t6-6 项目模板:控制台应用程序。

(2) 添加如下代码:

```
using System;
using System.Collections.Generic;
using System.Linq;
using System.Text;
namespacet6_6
{
    class Program
    {
        static void Main(string[] args)
        {
            for (int i=0; i<=125; i++)
            {
                Console.Write(i+"="+(char)i+"\t");
            }
        }
    }
}
```

(3) 运行程序，单击“调试”菜单下的“开始执行(不调试)”或者按快捷键 Ctrl+F5，结果如图 6.9 所示。

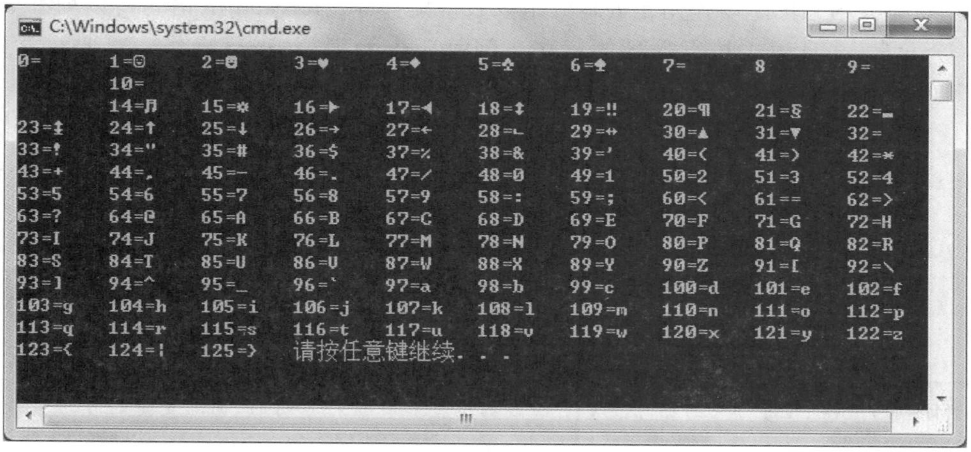

```
C:\Windows\system32\cmd.exe
0=      1=☺     2=☻     3=♥     4=♦     5=♣     6=♠     7=      8       9=
        10=
        14=♫    15=☼    16=►    17=◄    18=↕    19=‼    20=¶    21=§    22=▬
23=↨    24=↑    25=↓    26=→    27=←    28=∟    29=↔    30=▲    31=▼    32=
33=!    34="    35=#    36=$    37=%    38=&    39='    40=(    41=)    42=*
43=+    44=,    45=-    46=.    47=/    48=0    49=1    50=2    51=3    52=4
53=5    54=6    55=7    56=8    57=9    58=:    59=;    60=<    61==    62=>
63=?    64=@    65=A    66=B    67=C    68=D    69=E    70=F    71=G    72=H
73=I    74=J    75=K    76=L    77=M    78=N    79=O    80=P    81=Q    82=R
83=S    84=T    85=U    86=V    87=W    88=X    89=Y    90=Z    91=[    92=\
93=]    94=^    95=_    96=`    97=a    98=b    99=c    100=d   101=e   102=f
103=g   104=h   105=i   106=j   107=k   108=l   109=m   110=n   111=o   112=p
113=q   114=r   115=s   116=t   117=u   118=v   119=w   120=x   121=y   122=z
123={   124=|   125=}   请按任意键继续. . .
```

图 6.9　例 6.6 程序运行结果

前面说过，在 for 循环的“表达式 1”部分可以定义新的变量并初始化。根据变量的作用域限制，我们可知，在 for 循环中定义的变量的作用域仅限于该 for 循环内部。for 循环结束，变量将消失。

通过这个规则，我们要牢记两件事：

首先，不能在 for 循环结束后继续使用 for 循环定义的变量，因为它已经消失。下面是一个例子：

```
for (int i=0; i<10; i++)
{
    …
}
Console.WriteLine(i); // 编译错误
```

其次，可以在多个 for 循环中定义相同变量名，因为每个变量都在不同作用域中，不会造成命名冲突。下面是一个例子：

```
for (int i=0; i<10; i++)
{
    …
}
for (int i=0; i<20; i+=2)      // 两个“i”属于不同作用域，这是允许的
{
    …
}
```

6.5　编写 foreach in 语句

在处理程序时我们常常会遇到类型相同、意义相同的一组数据，称为数组。为单个变量赋值是简单的，但数组中的数可多可少，如果为数组中的变量逐个赋值，会加大开发人员的

工作量，这个时候我们就可以使用 foreach in 语句针对数组及对象集进行操作，例如赋值、读取等。

foreach in 语句的主要作用是处理数组或数据集合等。foreach in 语句可以列举集合中的每一个元素，并且通过执行循环体依次访问每一个元素，并进行操作。需要注意的是，foreach in 语句只能对集合中的元素进行循环操作。

因数组中的变量数各不相同，foreach in 循环不需要指定循环次数或条件。

foreach in 语句的一般语法格式如下：

```
foreach(数据类型 标识符 in 表达式)
{
    循环体;
}
```

说明：(1) foreach 语句中的循环变量是由数据类型和标识符声明的，循环变量的作用域为整个 foreach 语句。

(2) foreach 语句中的表达式必须是集合类型(例如数组)，循环变量要与集合中的元素类型一致。若不一致，必须有一个显式定义的从集合中元素类型到循环变量元素类型的显式转换。

(3) foreach 语句每执行一次循环，循环变量就代表当前循环所执行的集合中的元素。每执行一次循环体，循环变量就依次代表集合中的一个元素，直到把集合中的每个元素都访问处理一遍，foreach 循环结束，转而执行程序的下一条语句。

例 6.7 定义整型数组 number 并赋值，输出整型数组 number 中所有数据，要求编写为控制台应用程序。

实现分析 使用 foreach 循环，对数组中的每个元素访问。在 foreach 循环中定义整型变量替代 number 成员。

具体实现步骤如下：

(1) 新建一个项目 t6-7 项目模板：控制台应用程序。

(2) 添加如下代码：

```
using System;
using System.Collections.Generic;
using System.Linq;
using System.Text;
namespace t6_7
{
    class Program
    {
        static void Main(string[] args)
        {
            int[] number=new int[] { 0, 1, 2, 3, 4, 5, 6 };
            Console.Write("数组中的元素为:");
            foreach (int i in number)
            {
                Console.Write(i);
```

```
                    Console.Write(" ");
                }
            }
        }
    }
```

(3) 运行程序，单击“调试”菜单下的“开始执行(不调试)”或者按快捷键 Ctrl＋F5，结果如图 6.10 所示。

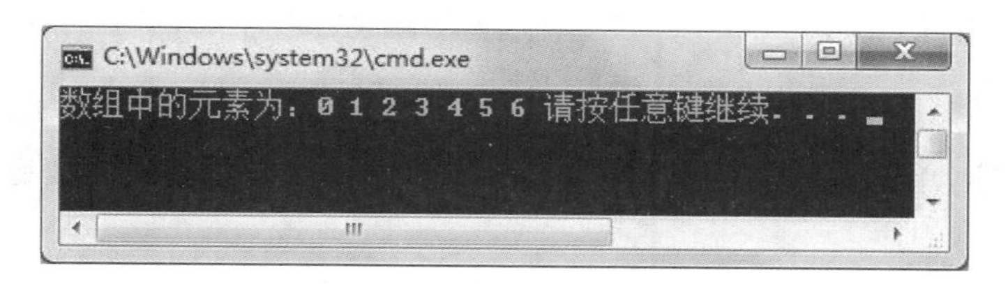

图 6.10 例 6.7 程序运行结果

代码详解 (1) 在 foreach 语句中定义变量 i 为 int 类型，与数组 number 的元素类型一致。

(2) Console. Write("")；语句输出一个空格，不进行换行。

(3) 在 foreach 语句块内的任意位置都可以使用跳转语句跳出当前循环或整个 foreach 语句块。

注意：foreach 循环不能修改集合中的内容。

例 6.8 利用 foreach 语句计算所有成绩中及格的人数。要求编写为控制台应用程序。

实现分析 定义数组存储成绩，使用 foreach 循环，对所有成绩注意比较。定义计数器 count 变量来计算所有成绩中大于 60 的个数。

具体实现步骤如下：

(1) 新建一个项目 t6-8 项目模板：控制台应用程序。

(2) 添加如下代码：

```
using System;
using System.Collections.Generic;
using System.Linq;
using System.Text;
namespace t6_8
{
    class Program
    {
        static void Main(string[] args)
        {
            int[] score=new int[] { 100,82,65,33,84,95,76 };
```

```
                int count=0;
                foreach (int i in score)
                {
                    if (i>=60)
                        count++;
                }
                Console.Write("成绩中及格的有{0}个人", count);
            }
        }
    }
```

(3) 运行程序,单击“调试”菜单下的“开始执行(不调试)”或者按快捷键 Ctrl+F5,结果如图 6.11 所示。

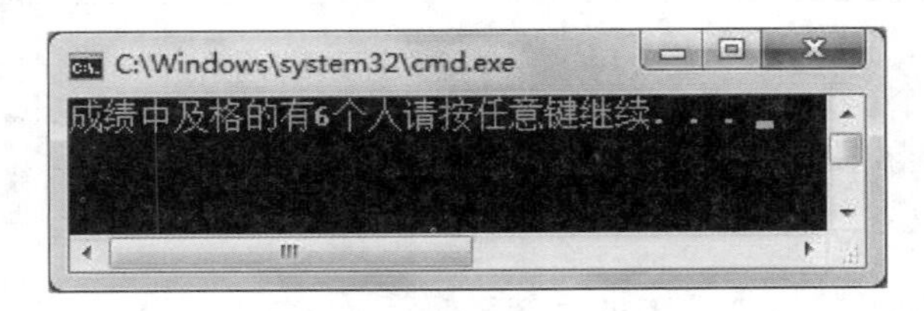

图 6.11　例 6.8 程序运行结果

6.6　循环嵌套

在一个循环的循环体内又包含了另一个循环,称为循环嵌套或者多重循环。

例 6.9　编写一个程序实现如下功能:在控制台上输出 m 行 n 列的“*”,m 和 n 的值需要用户输入。要求编写为控制台应用程序。

具体实现步骤如下:

(1) 新建一个项目 t6-9 项目模板:控制台应用程序。

(2) 添加如下代码:

```
using System;
using System.Collections.Generic;
using System.Linq;
using System.Text;
namespace t6_9
{
    class Program
    {
        static void Main(string[] args)
        {
            int m, n;
            Console.WriteLine("请输入 m 和 n 的值:");
            m=Convert.ToInt32(Console.ReadLine());
            n=Convert.ToInt32(Console.ReadLine());
```

```
            for (int i=1; i<=m; i++)
            {
                for (int j=1; j<=n; j++)
                {
                    Console.Write("* ");
                }
                Console.Write("\n");
            }
        }
    }
}
```

(3) 运行程序,单击"调试"菜单下的"开始执行(不调试)"或者按快捷键 Ctrl+F5,结果如图 6.12 所示。

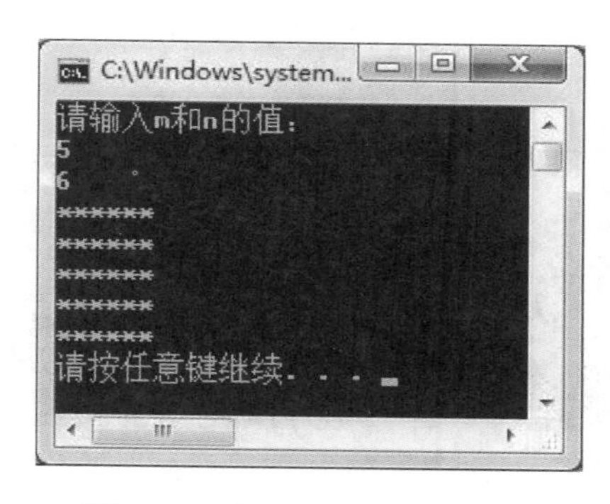

图 6.12　例 6.9 程序运行结果

例 6.10　保险箱上有一个 4 位数的密码,其主人只记得密码为"2 * * 7",其中百位数和十位数忘记了,但知道该数能被 3 和 13 除尽。设计一个算法,找出该密码所有可能的号码。

实现分析　对于本例,由于百位数和十位数不记得,故每位数字都可能是 0～9,根据此规则可以判断出密码可能有 100 个。又已知该数能被 3 和 13 整除,故对于形成的每一个可能的密码,判断它是否能被 3 和 13 整除,若能整除,则该数就是可能的密码之一。

具体实现步骤如下:

(1) 新建一个项目 t6-10 项目模板:控制台应用程序。

(2) 添加如下代码:

```
using System;
using System.Collections.Generic;
using System.Linq;
using System.Text;
namespace t6_10
{
    class Program
    {
        public static void Main()
        {
```

```
                int hm, i,j;
                for (j=0; j<=9; j++)
                {
                    for (i=0; i<=9; i++)
                    {
                        hm=2*1000+i*100+j*10+7;                //根据规律形成可能的密码
                        if(hm%13==0 && hm%3==0)
                            Console.WriteLine("密码={0}", hm);   //输出结果
                    }
                }
            }
        }
    }
```

(3) 运行程序,单击"调试"菜单下的"开始执行(不调试)"或者按快捷键 Ctrl+F5,结果如图 6.13 所示。

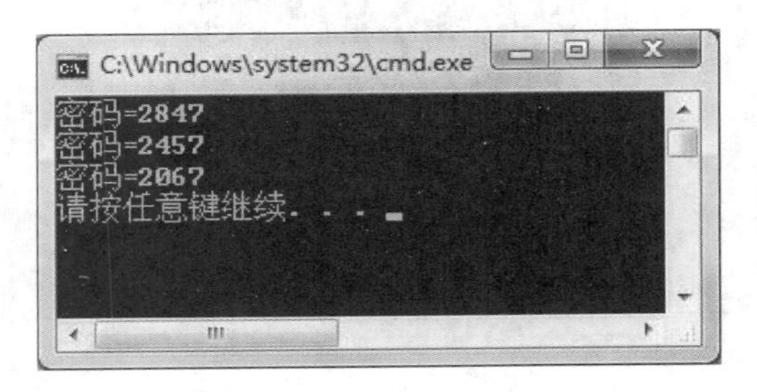

图 6.13　例 6.10 程序运行结果

6.7　循环的中断

有时需要更精细地控制循环代码的处理。C# 为此提供了 4 个命令:

- break——立即终止循环。
- continue——立即终止当前的循环(继续执行下一次循环)。
- goto——可以跳出循环,到已标记好的位置上。
- return——跳出循环及其包含的函数。

6.7.1　break 语句

当在循环执行过程中,希望使循环强制结束时,可使用 break 语句。break 命令可退出循环,继续执行循环后面的第一行代码。

说明:(1) break 语句只能用在 switch 语句和三种循环语句中。

(2) 一般在循环体中并不直接使用 break 语句,而是和一个 if 语句进行配合使用,在循环体中测试某个条件是否满足,若满足则执行 break 语句退出循环。break 语句提供了退出循环的另一种方法。

(3) 在循环嵌套中,break 语句只能中止一层循环。

例如：

```
int i=1;
while(true)
{
    if(i==11)
        break;
    Console.WriteLine("{0} ",i);
    i++;
}
```

注意：这段代码将在控制台上输出 1～10 的数字，当 i 的值为 11 时执行 break 命令退出循环。若没有“break”语句，循环的条件为“true”，将一直执行循环。

6.7.2 continue 语句

若希望使本次循环结束并开始下一次循环可使用 continue 语句。continue 仅终止当前的循环，而不是整个循环。

注意：(1) 执行 continue 语句只结束本次循环的执行，并没有使整个循环终止。

(2) 与 break 一样，循环体中 continue 语句总是和一个 if 语句配合使用，一般不会直接出现。在循环体中使用 if 语句测试某个条件是否满足，若满足，则执行 continue 语句退出本次循环，开始下一次循环。

(3) 在 while 和 do…while 循环中，continue 语句使得执行步骤直接跳到下一轮循环的条件测试部分，然后根据条件是否为真来决定循环是否继续进行。在 for 循环中遇到 continue 后，执行步骤直接跳转去计算“表达式 3”，然后再计算“表达式 2”以决定是否开始下一次循环。

例如：

```
int i;
for(i=1;i<=10;i++)
{
    if((i%3)!=0)
        continue;
    Console.WriteLine(i);
}
```

上面示例的功能是输出 1～10 内所有能被 3 整除的数，只要 i 除以 3 的余数不是 0，continue 语句就跳过语句“Console. WriteLine(i);”，终止当前的循环，所以显示数字 3、6 和 9。

6.7.3 goto 语句

goto 语句是无条件跳转语句。当程序流程遇到 goto 语句时，就无条件地跳到它所指定的位置。在实际编程时，goto 语句还需要定义一个标签配合使用。标签在实际的程序代码中并不影响执行效果，只起到标记的作用。需要注意的是，标签必须和 goto 语句在同一个方法中。

goto 语句的一般语法格式为：

goto 标签；

注意:使用 goto 语句退出循环是合法的(但会有点杂乱),但使用 goto 语句从外部进入循环是非法的。

例 6.11 编写一个程序实现如下功能:利用 goto 语句实现退出循环。要求编写为控制台应用程序。

具体实现步骤如下:

(1) 新建一个项目 t6-11 项目模板:控制台应用程序。

(2) 添加如下代码:

```
using System;
using System.Collections.Generic;
using System.Linq;
using System.Text;
namespace t6_11
{
    class Program
    {
        static void Main(string[] args)
        {
            int i=1;
            while(true)
            {
                if(i==6)
                    goto end;
                Console.WriteLine("{0}", i++);
            }
            Console.WriteLine("代码不会执行的语句。");
        end:
            Console.WriteLine("使用 goto 语句跳转到此处");
        }
    }
}
```

(3) 运行程序,单击"调试"菜单下的"开始执行(不调试)"或者按快捷键 Ctrl+F5,结果如图 6.14 所示。

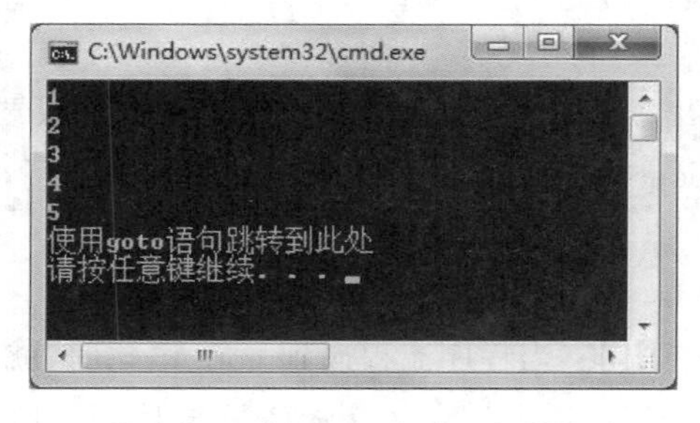

图 6.14 例 6.11 程序运行结果

6.7.4 return 语句

return 语句用来返回到当前函数被调用的地方。如果 return 语句放在循环体内,当满足条件时，执行 return 语句返回，循环自动结束。

return 语句的语法格式为：

return;

例 6.12 编写一个程序实现如下功能：利用 return 语句实现退出循环。要求编写为控制台应用程序。

具体实现步骤如下：

(1) 新建一个项目 t6-12 项目模板：控制台应用程序。

(2) 添加如下代码：

```
using System;
using System.Collections.Generic;
using System.Linq;
using System.Text;
namespace t6_12
{
    class Program
    {
        public static void withReturn()
        {
            int i=1;
            while(true)
            {
                if(i==6)
                    return;
                Console.WriteLine("{0}", i++);
            }
        }
        public static void Main()
        {
            withReturn();
            Console.WriteLine("方法调用结束");
        }
    }
}
```

(3) 运行程序，单击“调试”菜单下的“开始执行(不调试)”或者按快捷键 Ctrl+F5，结果如图 6.15 所示。

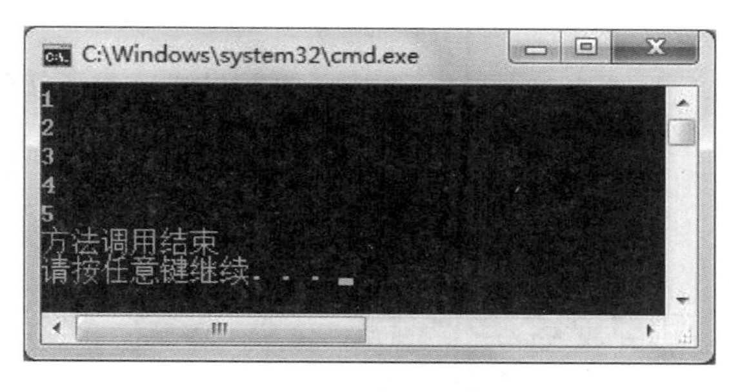

图 6.15 例 6.12 程序运行结果

6.8 综合实验

6.8.1 实验一

例 6.13 编写一个程序实现如下功能：用 do…while 循环语句来计算 pi＝4 * (1－1/3＋1/5－…＋1/n)，要求当 1/n＜0.000001 时停止计算。要求编写为控制台应用程序。

具体实现步骤如下：

(1) 新建一个项目 t6-13 项目模板：控制台应用程序。

(2) 添加如下代码：

```
using System;
using System.Collections.Generic;
using System.Linq;
using System.Text;
namespace t6_13
{
    class Program
    {
        static void Main(string[] args)
        {
            double pi, s=0, x;
            double n=1;
            do
            {
                x=Math.Pow(-1, n+1)/(2*n-1);
                s=s+x;
                n++;
            } while (1/n>=0.000001);
            pi=s*4;
            Console.WriteLine("pi 的值为:{0}", pi);
        }
    }
}
```

(3) 运行程序，单击"调试"菜单下的"开始执行(不调试)"或者按快捷键 Ctrl＋F5，结果如图 6.16 所示。

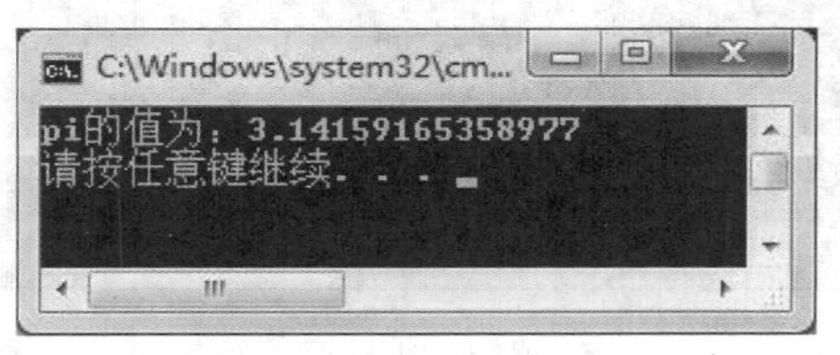

图 6.16 例 6.13 程序运行结果

6.8.2 实验二

例 6.14 编写一个程序用 while 循环语句实现下列功能：有一篮鸡蛋，不止一个，有人两个两个地数，多余一个，三个三个地数，多余一个，四个四个地数，也多余一个，请问这篮鸡蛋至少有多少个。要求编写为控制台应用程序。

具体实现步骤如下：

（1）新建一个项目 t6-14 项目模板：控制台应用程序。

（2）添加如下代码：

```
using System;
using System.Collections.Generic;
using System.Linq;
using System.Text;
namespace t6_14
{
    class Program
    {
        static void Main(string[] args)
        {
            int num=2;
            while(num<10000)
            {
                if (num %2==1 && num %3==1 && num %4==1)
                {
                    Console.WriteLine("这篮鸡蛋至少有{0}个", num);
                    break;
                }
                num++;
            }
        }
    }
}
```

（3）运行程序，单击“调试”菜单下的“开始执行(不调试)”或者按快捷键 Ctrl+F5，结果如图 6.17 所示。

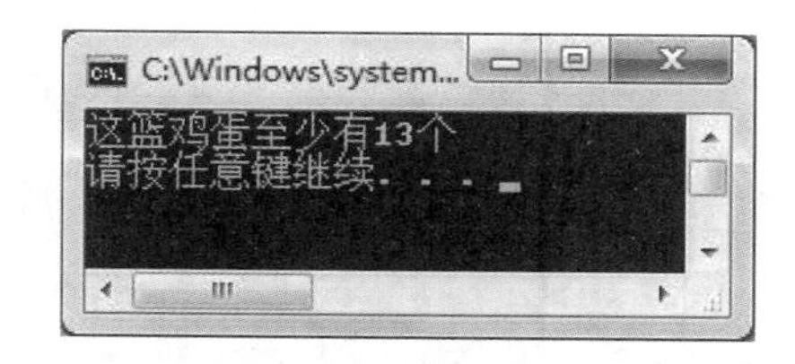

图 6.17　例 6.14 程序运行结果

6.8.3 实验三

例 6.15 编写一个程序用 foreach 循环语句实现下列功能：从键盘输入一个字符串，统计其中大写字母的个数和小写字母的个数。要求编写为控制台应用程序。

具体实现步骤如下：

（1）新建一个项目 t6-15 项目模板：控制台应用程序。

（2）添加如下代码：

```
using System;
using System.Collections.Generic;
using System.Linq;
using System.Text;
namespace t6_15
{
    class Program
    {
        static void Main(string[] args)
        {
            string s;
            int n1=0, n2=0;
            Console.WriteLine("请输入一个字符串");
            s=Console.ReadLine();
            foreach (char c in s)
            {
                if (c>='A'&& c<='Z')
                    n1++;
                else if (c>='a' && c<='z')
                    n2++;
                else
                    continue;
            }
            Console.WriteLine("大写字母有{0}个,小写字母有{1}个", n1, n2);
        }
    }
}
```

（3）运行程序，单击“调试”菜单下的“开始执行(不调试)”或者按快捷键 Ctrl+F5，结果如图 6.18 所示。

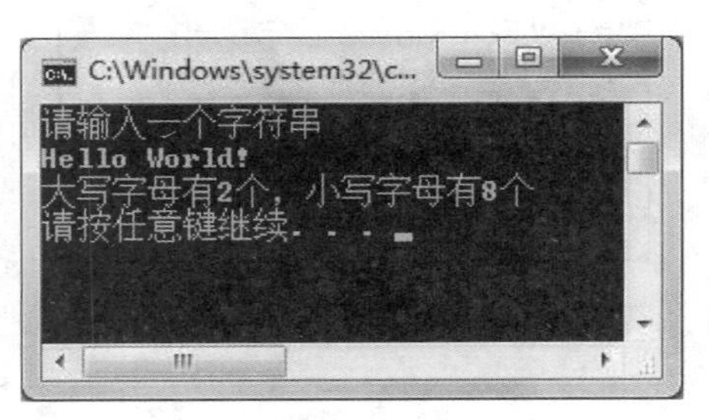

图 6.18 例 6.15 程序运行结果

6.8.4 实验四

例 6.16 编写一个程序,输入一个数,判定它是否为降序数。该程序是循环执行的,当输入的数为 0 时,则退出程序运行。所谓"降序数"是指一个自然数的低位数字的数不大于高位数字的数。例如,64,55,321 都认为是降序数,但是 623 不是降序数。要求编写为控制台应用程序。

具体实现步骤如下:

(1) 新建一个项目 t6-16 项目模板:控制台应用程序。

(2) 添加如下代码:

```
using System;
using System.Collections.Generic;
using System.Linq;
using System.Text;
namespace t6_16
{
    class Program
    {
        static void Main(string[] args)
        {
            int i,j, m, n;
            bool pos;
            while(true)
            {
                n=-1;
                while(n<=0)
                {
                    if(n==0) return;
                    Console.WriteLine("请输入一个正整数或者 0:");
                    n=int.Parse(Console.ReadLine());
                }
                if(n<10) pos=true;
                else
                {
                    m=n;
                    i=0;
                    pos=true;
                    while(m>0)
                    {
                        j=m%10;
                        m=m/10;
                        if(i>j)
                        {
                            pos=false;
```

```
                    break;
                }
                i=j;
            }
        }
        if (pos) Console.WriteLine("{0}是降序数。", n);
        else Console.WriteLine("{0}不是降序数。", n);
    }
  }
}
```

(3) 运行程序,单击“调试”菜单下的“开始执行(不调试)”或者按快捷键 Ctrl+F5,结果如图 6.19 所示。

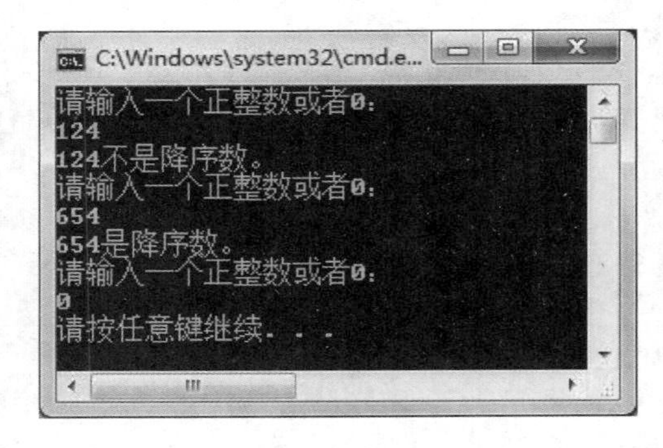

图 6.19　例 6.16 程序运行结果

小　结

本章主要介绍了循环语句的语法结构,讲述了如何使用循环语句来实现程序的重复操作效果。另外,对于循环语句的中断,可以使用的 4 个语句为 break 语句、continue 语句、goto 语句和 return 语句。

知 识 点	操　作

while 语句实现的循环属于当型循环	while 语句的语法形式如下:
	while (条件表达式)
	{
	　语句块;//循环体部分
	}

do…while 语句实现的循环是直到型循环	do…while 语句的语法形式如下:
	do
	{
	　语句块;//循环体部分
	}while (条件表达式);

续表

知识点	操作

for 循环语句也称为计数循环语句	for 语句的语法形式如下：
	for(表达式 1;表达式 2;表达式 3)
	{
	语句块;//循环体部分
	}

理解 for 循环作用域	根据变量的作用域限制，我们可知，在 for 循环中定义的变量的作用域仅限于该 for 循环内部。for 循环结束，变量将消失

foreach in 语句针对数组及对象集进行操作	foreach in 语句的一般语法格式如下：
	foreach(数据类型 标识符 in 表达式)
	{
	循环体;
	}

循环的中断	break——立即终止循环。 continue——立即终止当前的循环(继续执行下一次循环)。 goto——可以跳出循环，到已标记好的位置上。 return——跳出循环及其包含的函数

课后练习

一、选择题

1. 以下叙述中正确的是________。

A. do…while 语句构成的循环不能用其他语句构成的循环来代替

B. do…while 语句构成的循环只能用 break 语句结束循环

C. 用 do…while 语句构成的循环，在 while 后的表达式为 true 时结束循环

D. 用 do…while 语句构成的循环，在 while 后的表达式应为关系表达式或逻辑表达式

2. 以下关于 for 循环的说法不正确的是________。

A. for 循环只能用于循环次数已经确定的情况

B. for 循环是先判定表达式，后执行循环体

C. 在 for 循环中，可以用 break 语句跳出循环体

D. for 循环体语句中，可以包含多条语句，但要用花括号括起来

3. 以下关于 for 循环的说法，不正确的是________。

A. for 语句中的 3 个表达式都可以省略

B. for 语句中的 3 个表达式中，若第 2 个表达式的值为 true，则执行循环体中的语句，直到第 3 个表达式的返回值为 false

C. for 语句中的 3 个表达式中，第 2 个表达式必须是布尔型的表达式，其他两个可以是任意类型的表达式

D. for 语句中的 3 个表达式中，第 1 个表达式执行且仅执行一次；每当循环体语句被执行后，第 3 个表达式都跟着被执行一次

4. C# 提供的 4 种跳转语句中，不推荐使用的是________。

A. return　　B. break　　C. continue　　D. goto

二、填空题

1. 在C#中,实现循环的语句主要有________、do…while和________语句。

2. 在循环执行过程中,希望当某个条件满足时强行退出循环,应使用________语句。

3. 下列程序完成的功能是求出所有的水仙花数。(所谓水仙花数是指这样的数:该数是三位数,其各位数字的立方和等于该数。例如:153=1+125+27,所以153是一个水仙花数。)请根据题目要求将下列程序补充完整。

```
class Program
{     public static void Main(string[] args)
      {   int a, b, c, t;
          for(i=100; i<=________; i++)
          {     t=i;
                a=t%10;   t=t/10;   b=t%10;   c=t/10;
                if(________________________)
                    Console.WriteLine("i={0}  ",i);
          }
      }
}
```

4. 下列程序的功能是:输出100以内能被3整除且个位数为6的所有整数。请根据题目要求将下列程序补充完整。

```
class Program
{     public static void Main(string[] args)
      {     int i,j;
            for(i=0;________________; i++)
            {     j=i*10+6;
                  if(________________) Console.Write ("{0} ", j);
            }
       }
}
```

5. 下列程序的功能是:产生100个两位随机正整数,求这些数中所有能被3整除的数的和,以及所有不能被3整除的数的各位数字和。请根据题目要求将下列程序补充完整。

```
static void Main(string[] args)
{     float sum1=0,sum2=0;
      int i,num;
      Random randObj1=new Random();
      for(i=1;i<=100;i++)
      {     num=________________________;
            if(num%3==0)
            {   sum1=sum1+num; ________________ }
            sum2=sum2+num%10;
            sum2=sum2+num/10;
      }
      Console.WriteLine("能被3整除的数的和为:{0}",sum1);
      Console.WriteLine("不能被3整除的所有数的各位数字和为:{0}",sum2);
      Console.Read ();
}
```

三、读程序题

1. 下列程序的运行结果是________。

```
class Program
{    public static void Main(string[] args)
     {    int i=0,s=1;
          do
          {    s/=s+1;
               i++;
          }while(i<=10);
          Console.WriteLine("i={0}, s={1} ",i,s);
     }
}
```

2. 下列程序的运行结果是________。

```
class Program
{    public static void Main(string[] args)
     {    int i=0,m=0,n=0;
          while(i<=100)
          {    if(i%2==0)  m+=1;
               else n=n+1;
               i++;
          }
          Console.WriteLine("m={0},n={1}",m,n);
     }
}
```

3. 下列程序的运行结果是________。

```
static void Main(string[] args)
{    int i,j, s=0;
     for(i=2; i<6; i=i+2 )
     {    s=1;
          for( j=i; j<6; j++)   s+=j;
     }
     Console.WriteLine("s={0}", s);
}
```

4. 下列程序的运行结果是________。

```
static void Main(string[] args)
{    int i=0, a=0;
     while( i<20 )
     {    for( ;  ; )
          {    if(i%10==0)  break;
               else   i--;
          }
          i+=11;  a+=i;
     }
     Console.WriteLine("a={0}", a);
}
```

四、程序设计题

1. 设计一个控制台应用程序，读入一组整数(以输入 0 结束)，分别输出其中奇数和偶数的和。
2. 设计一个控制台应用程序，输入正整数 n，计算 s=1+(1+2)+(1+2+3)+…+(1+2+…+n)。

第7章 数 组

数组是一组包含了同种类型、具有相同意义的数据，其数据的类型可以是基本类型，也可以是引用类型。本章介绍了数组的概念，举例说明了一维数组、二维数组和多维数组的定义以及访问方法。

本章要点

- 了解数组的概念
- 一维数组的声明、初始化与应用
- 多维数组的声明、初始化与应用
- foreach 语句的使用方法
- 与数组有关的算法实例

7.1 什么是数组

编程的时候总是遇到这样的问题，"请你保存一名学生的英语成绩"，很简单，只要在程序中定义一个整数型变量，将这名学生的英语成绩保存进去就可以了。那么，如果现在请你保存 100 名学生的英语成绩又将如何操作呢？答案是我们可以定义数组。

要存放数据，需要声明变量，但若在程序中使用很多个同类数据，使用变量将极不方便，这个时候我们可以使用数组来完成。

可以把数组看成是很多个具有相同类型和名称的变量的集合，如一组整数、一组字符等，它们在内存中是连续存放的，组成数组的变量我们把它称为数组元素。每个数组元素都有一个编号，这个编号叫作下标。由于在程序中数组元素是通过下标相互区分的，故数组元素的个数有时也称为数组的长度。

一个数组的定义中包含以下几个要素：

(1) 元素类型；

(2) 数组的维数；

(3) 每个维数的上下限。

这几个要素规定了定义数组的必要条件。首先，元素类型表示数组只能保存该类型的元素。其次，数组的维数，可以用几何的知识理解，一维数组可以理解成一维坐标轴，二维数组可以理解成平面直角坐标系，三维数组可以理解成三维立体坐标系等。最后，每个维数的上下限规定了每个维数的大小。

7.2 一维数组

7.2.1 一维数组的声明及初始化

只有一个下标的数组称作一维数组。想要使用数组，必须先声明，根据数组长度分配空间，然后才能使用数组元素。

1. 一维数组的声明

声明数组首先指定数组元素的类型并用new运算符给数组动态地分配存储空间。动态分配的空间是一段连续的内存空间。一维数组声明语句的格式如下：

数据类型符 [] 数组名=new 数据类型符[长度]；

说明：(1) 数据类型符——数组元素的类型。
(2) 数组名——数组的名字。
(3) new——声明数组变量使用的关键字。
(4) [长度]——数组的长度，规定了数组的元素的个数。

例如：

```
double [] a=new double [6];
```

定义了一个double类型的数组a，长度为6，有6个数组元素。其实，上述语句可以写成两条语句，如下所示：

```
double [] a;                          //定义数组
a=new double [6];                     //给数组分配存储空间
```

数组分配好后，数组元素被初始化，简单数值数据类型被初始化为0，逻辑型被初始化为false，引用类型被初始化为null。

数组定义后，将占用连续的存储空间，其占用存储空间大小为“长度 * 数据类型所占用的字节数”。例如，对于上面定义的数组a，在程序运行时，系统将为该数组分配一个连续的48个字节的存储单元，用来存放该数组的每一个元素。该数组占用存储空间的情况如图7.1所示。

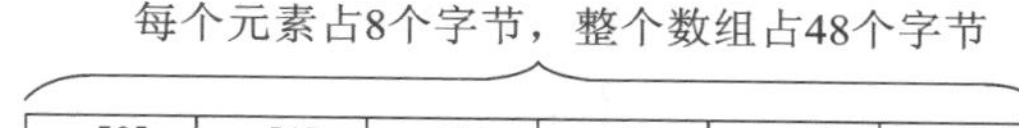

图 7.1　数组内存空间分配图

C#中数组的大小可以动态确定，例如：

```
int length=6;
int[] i=new int[length];
```

数组i的长度length，length为整型变量动态赋值，这两条语句定义了一个长度为6的数组a。

2. 一维数组的初始化

在定义数组的同时可以给数组元素赋初值，这样做确定了数组元素个数及各元素的值。给数组元素赋初值的格式如下：

数据类型符 []　数组名={值1，值2，…，值n}；

说明：该数组的长度由初值列表中的值的个数指定，“{}”大括号内为初值列表，是由逗号分隔开来的若干个值，它们作为初值依次赋值给相应的数组元素。

例如：

```
int [] i={1,2,3,4,5,6};
```

该语句定义了数组i，具有6个数组元素，并依次给i[0]、i[1]、i[2]、i[3]、i[4]和i[5]赋初值1、2、3、4、5和6。上述语句也可以写成：

```
int [] i=new int []{1,2,3,4,5,6};
```

7.2.2 数组元素的引用

一般并不对数组整体进行各种数据处理，参与运算和数据处理的都是数组元素。下面我们介绍一下如何引用一维数组元素。引用一维数组元素的一般形式如下：

数组名[下标]

C#规定，数组元素的下标从0开始，如果数组具有n个元素，那么它的下标范围就是0～n－1。例如：

```
int[] i=new int[6];
```

那么，数组a具有元素i[0]、i[1]、i[2]、i[3]、i[4]和i[5]。

注意：在C#中不允许下标越界，上述的数组i的下标不可超过“5”，i[6]、i[7]均是不可用的。C#在编译时并不检查数组元素是否越界，而是在运行时检查。

我们可以把数组元素当作一种特殊的变量，在程序中也把它作为变量来使用。能够使用变量的地方就可以使用与变量数据类型相同的数组元素。和普通变量一样，数组元素也可以参加赋值、运算、输入和输出等操作。

例7.1 创建一个控制台应用程序，演示如何为数组变量赋值和访问。

具体实现步骤如下：

(1) 新建一个项目t7-1项目模板：控制台应用程序。

(2) 添加如下代码：

```
using System.Linq;
using System.Text;
namespace t7_1
{
    class Program
    {
        static void Main(string[] args)
        {
            int[] i=new int[5];
            i[0]=1;
            i[1]=2;
            i[2]=3;
            i[3]=4;
            i[4]=5;
            Console.WriteLine("数组 i 的第一个元素是{0}", i[0]);
            Console.WriteLine("数组 i 的第二个元素是{0}", i[1]);
            Console.WriteLine("数组 i 的第三个元素是{0}", i[2]);
            Console.WriteLine("数组 i 的第四个元素是{0}", i[3]);
```

```
                Console.WriteLine("数组 i 的第五个元素是{0}", i[4]);
                Console.ReadLine();
            }
        }
    }
```

(3) 运行程序,单击“调试”菜单下的“开始执行(不调试)”或者按快捷键 Ctrl+F5,结果如图 7.2 所示。

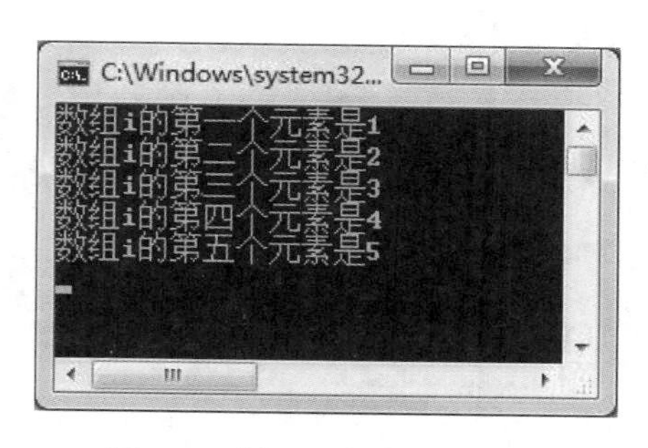

图 7.2 例 7.1 程序运行结果

代码详解

```
int[] i=new int[5];
```

定义了一个整数类型的一维数组 i,数组长度为 5。

```
i[0]=1;
```

为数组 i 中的第一个数组元素 i[0]赋值。

```
console.writeLine("数组 i 的第一个元素是{0}",i[0]);
```

访问 i[0]的值,并在控制台上输出。

例 7.2 创建一个控制台应用程序,输入十个整数,输出其中最大的一个数,并显示它是第几个数。

实现分析 为了存放用户输入的数,要定义一个一维数组,再设两个变量,一个用来保存最大数,一个用来保存最大数的位置。首先认为第一个数最大,保存它的值和位置;然后用保存的最大数和后面的数比较,如果后面的数大,则用保存最大数的变量保存该数,用保存最大数位置的变量保存该数的位置;用保存的最大数再和后面的数逐一比较,直到所有的数都比较完毕,保存最大数变量中的值就是最大数,保存最大数下标的变量中的值就是最大数的下标。

具体实现步骤如下:

(1) 新建一个项目 t7-2 项目模板:控制台应用程序。

(2) 添加如下代码:

```
using System.Linq;
using System.Text;
namespace t7_2
{
    class Program
    {
        static void Main(string[] args)
```

```
            {
                int[] a=new int[5];
                int i, max, max_i;
                for (i=0; i<5; i++)
                {
                    a[i]=Convert.ToInt32(Console.ReadLine());
                }
                max=a[0];
                max_i=0;
                for (i=2; i<5; i++)
                {
                    if (max<a[i])
                    {
                        max=a[i]; max_i=i;
                    }
                }
                Console.WriteLine();
                Console.WriteLine("最大值为:{0},最大值位置为:{1}", max, max_i+1);
            }
        }
    }
```

(3) 运行程序,单击"调试"菜单下的"开始执行(不调试)"或者按快捷键 Ctrl+F5,结果如图 7.3 所示。

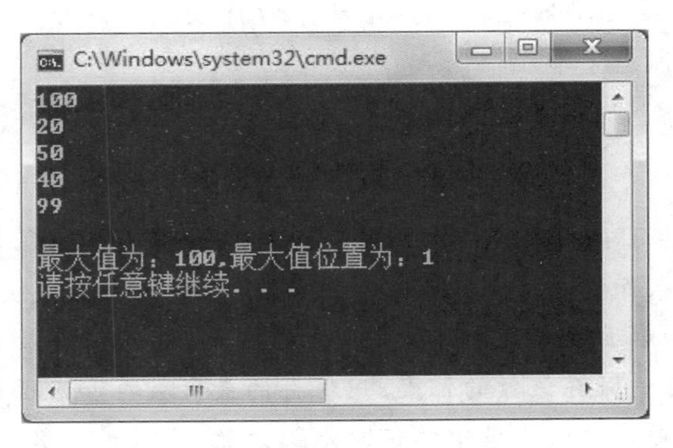

图 7.3 例 7.2 程序运行结果

代码详解

```
int [] a=new int [5];
```

定义具有 5 个元素的数组 a。max 变量用来记最大值,max_i 变量用来记最大值的下标。

```
for(i=0;i<5;i++)
{
    a[i]=Convert.ToInt32(Console.ReadLine());
}
```

循环 5 次,输入 5 个整数,赋值给数组 a 的 5 个元素。

7.3 多维数组

数组可以有多个维度，称作多维数组。一维数组只有一个下标，多维数组具有多个下标。

7.3.1 多维数组的声明及初始化

这里主要以多维数组中最常用的二维数组为例介绍多维数组。

1. 多维数组的声明

声明数组首先指定数组元素的类型并用new运算符给数组动态地分配存储空间。动态分配的空间是一段连续的内存空间。二维数组声明语句的格式如下：

数据类型符 [,] 数组名＝new 数据类型符[长度1,长度2];

说明：(1) 数据类型符——数组元素的类型。
(2) 数组名——数组的名字。
(3) new——声明数组变量使用的关键字。
(4) [长度1,长度2]——数组的长度，规定了数组的元素的个数为“长度1×长度2”个。

例如：

```
int [,] i=new int [3,4];
```

定义了一个数组i，该数组的数据类型是int，具有12个元素，上述代码也可以写成两条语句，如：

```
int [,] i;                    //定义数组
i=new int [3,4];              //给数组分配存储空间
```

三维数组的声明语句的格式如下：

数据类型符 [, ,] 数组名＝new 数据类型符[长度1,长度2, 长度3];

例如：

```
int [,,] i=new int [3,2,3];
```

定义了一个数组i，该数组的数据类型是int，具有18个元素

2. 多维数组的初始化

多维数组的初始化与一维数组的初始化类似，以二维数组为例，格式如下：

数据类型符 [,]　数组名＝{{初值列表1},{初值列表2},…,{初值列表n}};

例如：

```
int [,]i={{1,2,3,4},{5,6,7,8},{9,10,11,12}};
```

整数型二维数组i可以保存12(即3×4)个整数。二维数组i个元素初值情况为：i[0,0]＝1,i[0,1]＝2,i[0,2]＝3,i[0,3]＝4,i[1,0]＝5,i[1,1]＝6,i[1,2]＝7,i[1,3]＝8,i[2,0]＝9,i[2,1]＝10,i[2,2]＝11,i[2,3]＝12。

上述语句也可以写成：

```
int [,] i=new int [3,4]{{1,2,3,4},{5,6,7,8},{9,10,11,12}};
```

7.3.2 交错数组

还有一种特殊的数组称为交错数组，这种数组的元素是数组。每一行相当于一个一维

数组。交错数组元素的维度和大小可以不同。交错数组也称为“数组的数组”。交错数组声明语句的格式如下：

数据类型符 [][] 数组名＝new 数据类型符[行数][]；

说明：定义一个名为“数组名”的交错数组，数组包含的一维数组个数由“[行数]”确定。

例如：

```
int [][] b=new int[3][];
```

此数组由 3 个元素构成，每个元素都是一个数组。

访问交错数组中的元素再进行初始化，格式如下。

数组名[i]＝new 数据类型符[长度]；

说明：为交错数组分配数组元素个数，元素个数由“[长度]”指定。

例如：

```
b[0]=new int [2];          //首行具有 2 个元素
b[1]=new int [3];          //第二行具有 3 个元素
b[2]=new int [4];          //第三行具有 4 个元素
```

给各行分配数组元素时，可以给元素赋初值，赋初值的方法同一维数组类似，此处不再赘述。

元素引用交错二维数组元素的一般格式如下：

数组名[下标 1][下标 2]

需要注意的是，各维的下标是从 0 开始的。

例 7.3 创建一个控制台应用程序，演示交错数组的应用。

具体实现步骤如下：

(1) 新建一个项目 t7-3 项目模板：控制台应用程序。

(2) 添加如下代码：

```
using System.Linq;
using System.Text;
namespace t7_3
{
    class Program
    {
        static void Main(string[] args)
        {
            //定义一个包含 3 个数组元素的交错数组
            int[][] b=new int[3][];
            //初始化所有 3 个数组元素
            b[0]=new int[1] { 1 };
            b[1]=new int[2] { 2, 3 };
```

```
                b[2]=new int[3] { 4, 5, 6 };
                //依次输出数组中的所有元素
                Console.WriteLine("数组中的第一个元素是{0}", b[0][0]);
                Console.WriteLine("数组中的第二个元素是{0}", b[1][0]);
                Console.WriteLine("数组中的第三个元素是{0}", b[1][1]);
                Console.WriteLine("数组中的第四个元素是{0}", b[2][0]);
                Console.WriteLine("数组中的第五个元素是{0}", b[2][1]);
                Console.WriteLine("数组中的第六个元素是{0}", b[2][2]);
                Console.ReadLine();
            }
        }
    }
```

(3) 运行程序,单击“调试”菜单下的“开始执行(不调试)”或者按快捷键 Ctrl+F5,结果如图 7.4 所示。

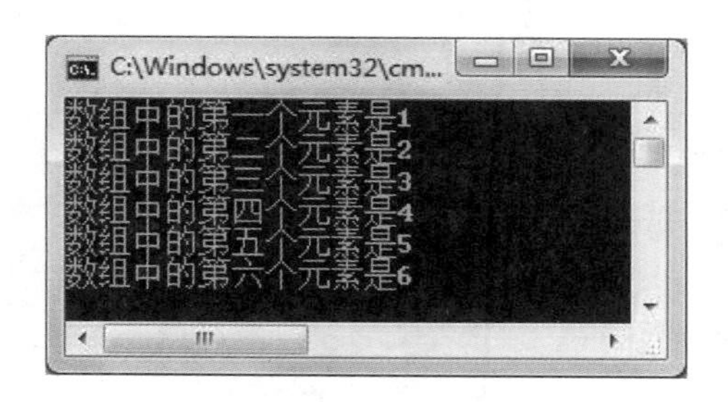

图 7.4 例 7.3 程序运行结果

代码详解

```
int[][] b=new int[3][];
```

定义了一个整数类型的交错数组 b,数组有 3 行。

```
b[0]=new int[1] {1};
```

为数组 b 中的第一行,具有 1 个元素。

```
Console.WriteLine("数组中的第一个元素是{0}",b[0][0]);
```

访问数组 b 的第一个元素,并在控制台上输出它的值。

例 7.4 创建一个控制台应用程序,功能如下:某班本学期开了 n 门课程,期末考试后,要统计每门课程的平均分。要求:对于每门课程要输入课程编号和学生成绩,输出课程的平均分。

实现分析 为了记录课程编号和成绩,可定义一个具有 m 行 n+1 列的二维数组,其中第 1 列用来存放课程编号,其他列用来存放成绩。m 门课程就要求出 m 个平均分,因此可以定义一个长度为 m 的一维数组,用来存放 m 门课程的平均分。

那么,第 i 门课程的平均分可用下式求得:

```
aver[i]=(cj[i,1]+cj[i,2]+…+cj[i,N])/N;
```

该表达式包含一个求和的表达式,可以用一个循环来实现。

具体实现步骤如下:

(1) 新建一个项目 t7-4 项目模板:控制台应用程序。

(2) 添加如下代码：

```
using System.Linq;
using System.Text;
namespace t7_4
{
    class Program
    {
        static void Main(string[] args)
        {
            const int M=2;
            const int N=2;
            int[,] cj=new int[M, N+1];
                /*该数组用来存放 M 门课程的编号和每门课程的 N 名学生的成绩*/
            int i,j;
            double[] aver=new double[M];
            for (i=0; i<M; i++)
            {
                Console.WriteLine("请输入第{0}门课的编号和成绩:",i+1);
                cj[i,0]=Convert.ToInt32(Console.ReadLine());
                for (j=1; j<=N; j++)
                    cj[i,j]=Convert.ToInt32(Console.ReadLine());
            }/*此循环用来输入课程编号和成绩*/
            for (i=0; i<M; i++)
            {
                aver[i]=0;
                for (j=1; j<=N; j++)
                aver[i]=aver[i]+cj[i,j];
                aver[i]=aver[i]/N;
            }/*此循环用来求出每门课程的平均分并将其存放在一维数组 aver 中*/
            for (i=0; i<M; i++)
            {
                Console.WriteLine();
                for (j=0; j<=N; j++)
                    Console.Write("{0}       ", cj[i,j]);
                Console.Write("平均分:{0}     ", aver[i]);
            }/*此循环用来输出每门课程的课程编号、各门课程的平均分*/
        }
    }
}
```

(3) 运行程序，单击“调试”菜单下的“开始执行(不调试)”或者按快捷键 Ctrl+F5，结果如图 7.5 所示。

```
C:\Windows\system32\cmd.exe
请输入第1门课的编号和成绩:
101
60
80
请输入第2门课的编号和成绩:
102
88
90

101     60      80      平均分: 70
102     88      90      平均分: 89      请按任意键继续. . .
```

图 7.5　例 7.4 程序运行结果

代码详解

```
for (i=0; i<M; i++)
{
    Console.WriteLine("请输入第{0}门课的编号和成绩:",i+1);
    cj[i,0]=Convert.ToInt32(Console.ReadLine());
    for (j=1;j<=N; j++)
        cj[i,j]=Convert.ToInt32(Console.ReadLine());
}
```

使用循环的嵌套,以输入每门课程的课程编号和成绩。

例 7.5　创建一个控制台应用程序,功能如下:输出杨辉三角的前五行。杨辉三角的前五行值如下所示。

```
1
1    1
1    2    1
1    3    3    1
1    4    6    4    1
```

实现分析　杨辉三角的每一行的元素个数不一样,因此可通过交错数组来存放杨辉三角的各元素值。通过分析可知,杨辉三角首列和对角线上的元素值为 1,其他元素值为前一行的前一列元素值和前一行的当前列元素值之和。

具体实现步骤如下:

(1) 新建一个项目 t7-5 项目模板:控制台应用程序。

(2) 添加如下代码:

```
using System.Linq;
using System.Text;
namespace t7_5
{
    class Program
    {
        static void Main(string[] args)
```

```
        {
            const int M=5;
            int[][] yhsj=new int[M][];
            int i,j;
            for (i=0; i<5; i++)
            {
                yhsj[i]=new int[i+1];
            }
            for (i=0; i<M; i++)
            {
                yhsj[i][0]=1;
                yhsj[i][i]=1;
            }
            for (i=2; i<5; i++)
            {
                for (j=1; j<i; j++)
                /*其他元素是前一行的前一列和前一行的当前列的和*/
                {
                    yhsj[i][j]=yhsj[i-1][j-1]+yhsj[i-1][j];
                }
            }
            for (i=0; i<M; i++)
            {
                Console.WriteLine();//换行
                for (j=0; j<=i; j++)
                {
                    Console.Write("{0}  ", yhsj[i][j]);
                }
            }/*此循环用来输出杨辉三角*/
        }
    }
}
```

(3) 运行程序,单击“调试”菜单下的“开始执行(不调试)”或者按快捷键 Ctrl+F5,结果如图 7.6 所示。

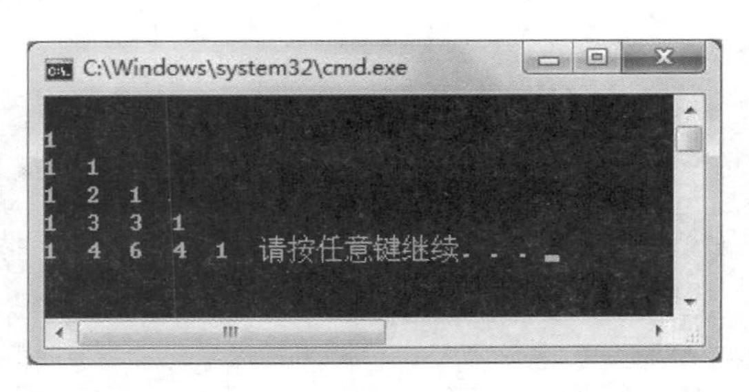

图 7.6　例 7.5 程序运行结果

例 7.6 创建一个控制台应用程序，功能如下：使用 foreach 语句求二维数组的最小值。

实现分析 根据题目要求求二维数组的最小值，定义变量 min 保存最小值，首先将第一个数值复制给 min，通过 foreach 循环对数组中的每个元素进行访问，用 min 值和每个元素值比较，如果元素值比 min 小，则将其值保存在 min 中。当数组中的所有元素比较完毕后，min 中的值就是二维数组的最小值。

具体实现步骤如下：

(1) 新建一个项目 t7-6 项目模板：控制台应用程序。

(2) 添加如下代码：

```
using System.Linq;
using System.Text;
namespace t7_6
{
    class Program
    {
        static void Main(string[] args)
        {
            int[,] score={ { 112, 21, 20 }, { 10, 86, 43 }, { 54, 78, 101 } };
                                                        //定义数组并初始化
            int min, i=0;                               //min 是用来存放最小值的变量
            min=score[0,0];                             //首先认为第一个元素值最小
            foreach (int k in score)                    //foreach 循环求最小值
            {
                if (min>k)
                  min=k;
            }
            Console.WriteLine("数组为:");
            foreach(int k in score)
                /*foreach 循环，以每行 3 个元素输出数组的各元素值*/
            {
                Console.Write("{0}",k);
                i++;
                if (i%3==0)
                    Console.WriteLine();
            }
            Console.WriteLine("最小值为:{0}", min); //输出最小值
        }
    }
}
```

(3) 运行程序，单击“调试”菜单下的“开始执行(不调试)”或者按快捷键 Ctrl+F5，结果如图 7.7 所示。

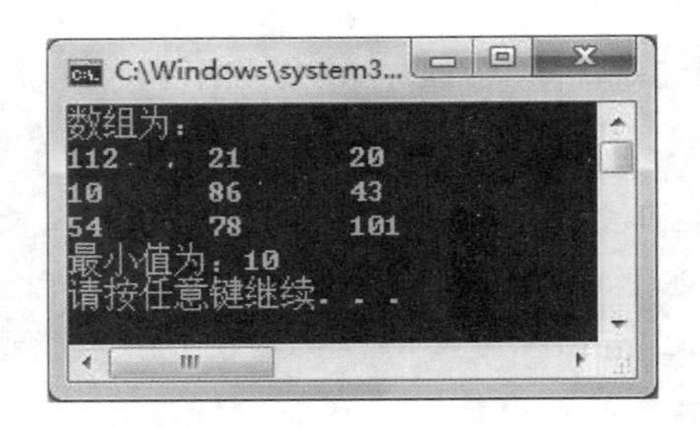

图 7.7 例 7.6 程序运行结果

7.4 数组的应用

7.4.1 应用一

例 7.7 创建一个控制台应用程序，功能如下：从键盘输入 6 个整数，使用冒泡排序法把这 6 个整数从小到大排列。

实现分析 将一个石头投入水池，石头重，会沉入水底，水中的气泡轻，会向上漂。冒泡排序法也是这个原理，其基本思想是大数向下沉，小数向上漂。下面通过一个例子来说明冒泡排序法的步骤。

假设数组 a[5]中已经存入如下 5 个数：

11　45　92　6　9

第 1 轮：第一个数 a[0]与第二个数 a[1]比较，若 a[1]比 a[0]小，则将两个数的数值交换，然后第二个数 a[1]与第三个数 a[2]比较，若 a[2]比 a[1]小，则将两个数的数值交换。一直到 a[3]和 a[4]比较。第 1 轮比较结束后，数组中的元素值分别为：

11　45　6　9　92

第 1 轮每相邻的两个数比较一次，5 个数共比较了 4 次，比较的起始下标为 0，每比较一次下标加 1。结果是把最大的元素 92 保存到了最后一个位置 a[4]。

第 2 轮：比较方法与第 1 轮一样，由于第 1 轮比较结果最大的 92 已经找到并放在了 a[4]中，所以不需要再比较 a[4]。一直到 a[2]和 a[3]比较完成，第 2 轮比较结束后，数组中的元素值分别为：

11　6　9　45　92

第 2 轮针对前 4 个数比较了 3 次，比较的起始下标为 0，每比较一次下标加 1。结果是把次大的元素放到了倒数第二个位置 a[3]。

第 3 轮：比较方法与前两轮一样，由于 a[3]和 a[4]已排好顺序，故不再参加比较。第 3 轮比较结束后，数组中的元素值分别为：

6　9　11　45　92

第 3 轮比较只比较了 2 次，比较的起始下标为 0，每比较一次下标加 1。结果是把第三大的元素放到了倒数第三个位置 a[2]。

第 4 轮：比较方法与前三轮一样，由于 a[2]、a[3]和 a[4]已排好顺序，故不再参加比较，第 4 轮比较了 1 次，排序进行完毕。第 4 轮比较结束后，数组中的元素值分别为：

6　9　11　45　92

通过上述对于数组 a[5]的分析，可以总结出如下规律。

(1) 如果有 n 个元素进行冒泡排序法排序，要进行 n－1 轮比较。

(2) 第 1 轮比较，比较 n－1 次。

(3) 每轮比较总是从第一个元素开始，其起始下标为 0，每比较一次，下标加 1。

(4) 每轮比较规则相同，比较的规则是若后面的元素值小，则交换它们的值。

具体实现步骤如下：

(1) 新建一个项目 t7-7 项目模板：控制台应用程序。

(2) 添加如下代码：

```
using System.Linq;
using System.Text;
namespace t7_7
{
    class Program
    {
        static void Main(string[] args)
        {
            int[] a=new int[6];
            Console.WriteLine("请输入 6 个整数");
            for (int i=0; i<6; i++)
            {
                Console.Write("第[{0}]个数:", i+1);
                a[i]=Int32.Parse(Console.ReadLine());
            }
            Console.WriteLine("排序前的 6 个数是:");
            for (int i=0; i<6; i++)
            {
                Console.Write("{0}\t", a[i]);
            }
            Console.WriteLine();
            int temp; //临时变量
            for (int j=0; j<5; j++)
            {
                for (int i=0; i<5-j; i++)
                {
                    if (a[i]>a[i+1])
                    {
                        temp=a[i]; a[i]=a[i+1]; a[i+1]=temp;
                    }
                }
            }
            Console.WriteLine("排序后的结果是:");
            for (int i=0; i<6; i++)
```

```
                {
                    Console.Write("{0}\t", a[i]);
                }
                Console.WriteLine();
            }
        }
    }
```

(3) 运行程序，单击“调试”菜单下的“开始执行(不调试)”或者按快捷键 Ctrl+F5，假设随机输入的 6 个整数为：“41　12　30　44　5　99”，程序运行结果如图 7.8 所示。

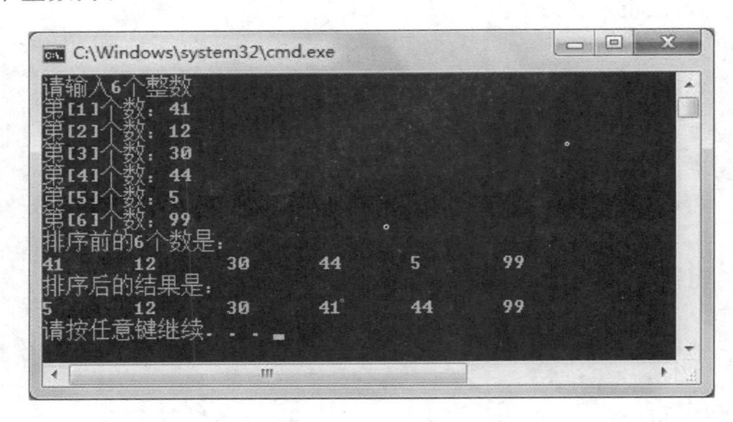

图 7.8　例 7.7 程序运行结果

7.4.2　应用二

例 7.8　创建一个控制台应用程序，功能如下：使用选择排序法为一维数组中的 10 个数排序，把它们从小到大输出。

实现分析　使用选择排序法把具有 n 个数的一维数组从小到大排列，排序过程可分为 n−1 轮，如下所示。

第 1 轮：从第 1～n 个数中找出最小的数，和第 1 个数交换，第 1 个数排好。

第 2 轮：从第 2～n 个数中找出最小的数，和第 2 个数交换，第 2 个数排好。

第 i 轮：从第 i～n 个数中找出最小的数，和第 i 个数交换，第 i 个数排好。

第 n−1 轮：从第 n−1～n 个数中找出最小的数，和第 n−1 个数交换，排序结束。

因此，要使用循环的嵌套来实现选择排序法排序。

具体实现步骤如下：

(1) 新建一个项目 t7-8 项目模板：控制台应用程序。

(2) 添加如下代码：

```
using System.Linq;
using System.Text;
namespace t7_8
{
    class Program
    {
```

```
        static void Main(string[] args)
        {
            int i,j, k, m;
            int[] que=new int[] { 12, 5, 44, 15, 98, 72, 9, 61, 182, 66 };
                /*定义数组并动态初始化*/
            for (i=0; i<10; i++)
            {
                k=i;
                for (j=i+1; j<10; j++) //从 i 的下一个元素起开始比较
                {
                    if (que[j]<que[k])//比较数组元素
                    {
                        k=j; //记录下标值
                    }
                }
                if (k!=i)
                {
                    m=que[i]; que[i]=que[k]; que[k]=m;
                }
            }
            Console.WriteLine("输出排序后的结果是:");
            for (i=0; i<10; i++)
            {
                Console.Write("{0}\t", que[i]);
            }
        }
    }
}
```

(3) 运行程序，单击“调试”菜单下的“开始执行(不调试)”或者按快捷键 Ctrl+F5，结果如图 7.9 所示。

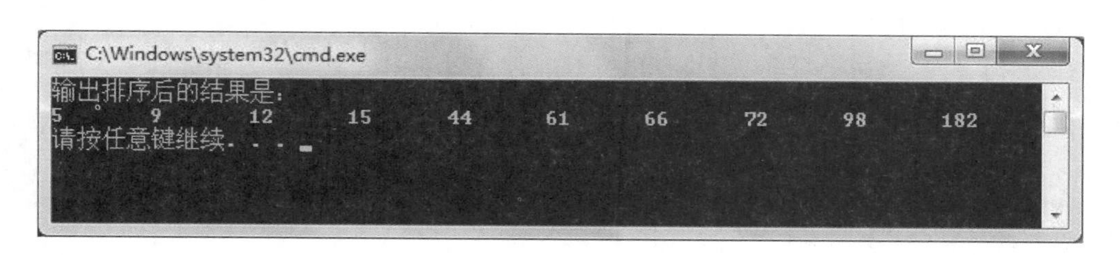

图 7.9　例 7.8 程序运行结果

7.4.3　应用三

例 7.9　创建一个控制台应用程序，功能如下：定义一个有 10 个元素的一维数组 a，在键盘上输入时没有大小次序，但是存入数组时要按由小到大的顺序存放。例如，输入第

1个数1时，存入a[0]；假如第2个数是5，则存入a[1]；假如第3个数是4，那么把前面输入的5向后移动到a[2]，把4插到a[1]的位置上，这样使得每输入一个数，保持从小到大的顺序排列。

实现分析 根据题目要求，首先定义一维数组长度为10。使用循环的嵌套来完成，输入10个元素，外层循环10次，每次获取输入的整数并存放在数组元素a[i]中，将a[i]中的数值与它之前元素的数值依次比较，如果比之前数据小，则交换两个元素的数值，使数组在存入数据时可以始终保持从小到大的顺序。

具体实现步骤如下：

(1) 新建一个项目t7-9项目模板：控制台应用程序。

(2) 添加如下代码：

```
using System.Linq;
using System.Text;
namespace t7_9
{
    class Program
    {
        static void Main(string[] args)
        {
            int i,j, temp, n=10;
            int[] a=new int[n];
            Console.WriteLine("请输入{0}个整数。", n);
            for (i=0; i<n; i++)
            {
                Console.Write("请输入一个整数:");
                a[i]=int.Parse(Console.ReadLine());
                for (j=i; j>=1; j--)
                {
                    if (a[j-1]>a[j])
                    {
                        temp=a[j-1];
                        a[j-1]=a[j];
                        a[j]=temp;
                    }
                    else
                        break;
                }
            }
            Console.Write("\n依次输出数组中的值:");
            for (i=0; i<n; i++)
            {
                Console.Write("{0}  ", a[i]);
            }
```

```
                Console.WriteLine();
            }
        }
    }
```

(3) 运行程序,单击"调试"菜单下的"开始执行(不调试)"或者按快捷键 Ctrl+F5,结果如图 7.10 所示。

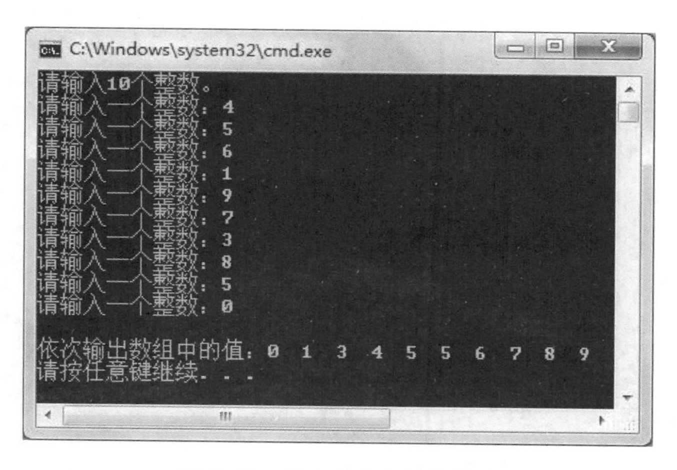

图 7.10　例 7.9 程序运行结果

7.5　综合实验

7.5.1　实验一

例 7.10　创建一个控制台应用程序,功能如下:定义一个数组,用 for 语句输入 10 个实数并存入这个数组,然后按逆序重新存放后再输出。

具体实现步骤如下:

(1) 新建一个项目 t7-10 项目模板:控制台应用程序。

(2) 添加如下代码:

```
using System.Linq;
using System.Text;
namespace t7_10
{
    class Program
    {
        static void Main(string[] args)
        {
            double[] a=new double[10];
            double temp;
            for (int i=0; i<10; i++)
```

```
            {
                Console.Write("请输入一个实数:");
                a[i]=double.Parse(Console.ReadLine());
            }
            for (int i=0; i<10/2; i++)
            {
                temp=a[i];
                a[i]=a[9-i];
                a[9-i]=temp;
            }
            for (int i=0; i<10; i++)
            {
                Console.Write("  {0}", a[i]);
            }
            Console.WriteLine();
        }
    }
}
```

(3) 运行程序,单击“调试”菜单下的“开始执行(不调试)”或者按快捷键 Ctrl+F5,结果如图 7.11 所示。

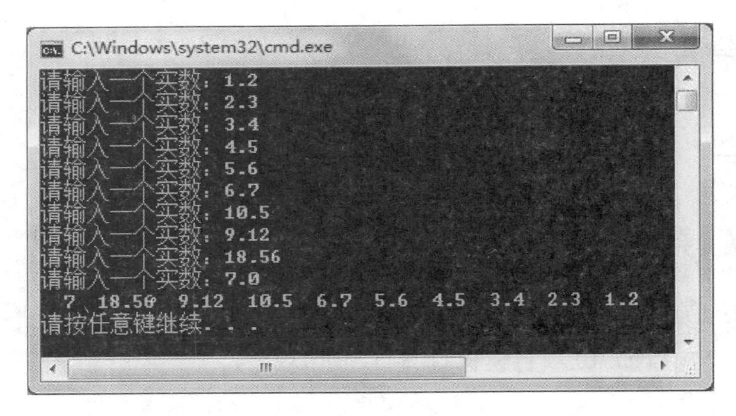

图 7.11 例 7.10 程序运行结果

7.5.2 实验二

例 7.11 创建一个控制台应用程序,功能如下:定义一个 n 行 n 列的二维整数数组,赋初值,然后求出对角线上的元素之和。

具体实现步骤如下:

(1) 新建一个项目 t7-11 项目模板:控制台应用程序。

(2) 添加如下代码:

```
using System.Linq;
using System.Text;
namespace t7_11
```

```
{
    class Program
    {
        static void Main(string[] args)
        {
            int n=5;
            int s=0;
            int[,] arr={ { 1, 2, 3, 4, 5 }, { 6, 7, 8, 9, 10 },
{ 11, 12, 13, 14, 15 }, { 21, 22, 23, 24, 25 }, { 31, 32, 33, 34, 35 } };
            int i,j;
            for (i=0; i<arr.GetLength(0); i++)
            {
                for (j=0; j<arr.GetLength(1); j++)
                {
                    if (i==j || i+j==n+1)
                    {
                        s=s+arr[i,j];
                    }
                }
            }
            Console.WriteLine("对角线上的元素之和{0}", s);
        }
    }
}
```

(3) 运行程序，单击“调试”菜单下的“开始执行(不调试)”或者按快捷键 Ctrl＋F5，结果如图 7.12 所示。

图 7.12　例 7.11 程序运行结果

7.5.3　实验三

例 7.12　创建一个控制台应用程序，功能如下：输入一个正整数 n，把它转换为二进制数，并输出。

具体实现步骤如下：

(1) 新建一个项目 t7-12 项目模板：控制台应用程序。

(2) 添加如下代码：

```
using System.Linq;
using System.Text;
```

```
namespace t7_12
{
    class Program
    {
        static void Main(string[] args)
        {
            int[] a=new int[80];
            int i,j, n=0;
            while(n<=0)
            {
                Console.WriteLine("请输入一个正整数:");
                n=int.Parse(Console.ReadLine());
            }
            i=0;
            Console.Write("\n 正整数{0}转换为二进制数:", n);
            while(n>0)
            {
                a[++i]=n%2;
                n=n/2;
            }
            for (j=i; j>0; j--)
            {
                Console.Write(a[j]);
            }
            Console.WriteLine();
        }
    }
}
```

(3) 运行程序,单击"调试"菜单下的"开始执行(不调试)"或者按快捷键 Ctrl+F5,结果如图 7.13 所示。

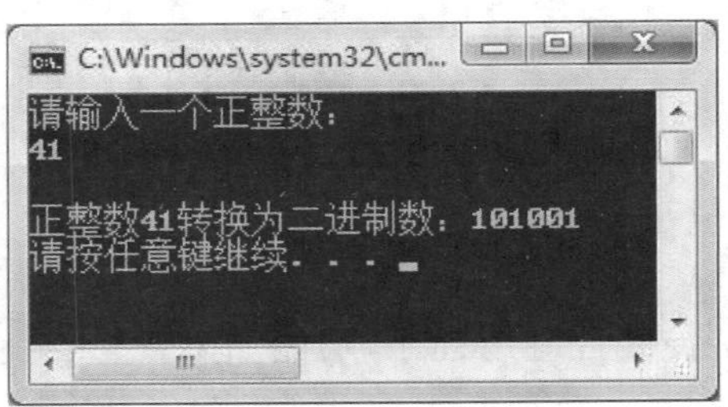

图 7.13　例 7.12 程序运行结果

7.5.4　实验四

例 7.13　创建一个控制台应用程序,功能如下:输入一个正整数,判定它是否为回文数。当输入的数为 0 时,退出程序,否则继续循环执行程序。所谓"回文数"是指读一个自然数，从正方向读和反方向读，结果是一样的。例如，646，1551，891232198 都认为是回文数。

具体实现步骤如下：

（1）新建一个项目 t7-13 项目模板：控制台应用程序。

（2）添加如下代码：

```
using System.Linq;
using System.Text;
namespace t7_13
{
    class Program
    {
        static void Main(string[] args)
        {
            int s, k;
            int i,j;
            int[] a=new int[20];
            bool pos;
            while (true)
            {
                s=-1;
                while (s<0)
                {
                    Console.Write("请输入一个正整数或者只按一个数字 0:");
                    s=int.Parse(Console.ReadLine());
                    if (s==0)
                      return;
                }
                k=s;
                pos=true;
                i=-1;
                while (k>0)
                {
                    i++;
                    a[i]=k%10;
                    k=k/10;
                }
                //注意:数组 a 的长度为 i+1
                for (j=0; j<(i+1)/2; j++)
                {
                    if (a[j]!=a[i-j])
                    {
                        pos=false;
```

```
                    break;
                }
            }
            if (pos)
            {
                Console.WriteLine("{0}是回文数。", s);
            }
            else
            {
                Console.WriteLine("{0}不是回文数。", s);
            }
        }
    }
}
```

（3）运行程序，单击“调试”菜单下的“开始执行（不调试）”或者按快捷键 Ctrl＋F5，结果如图 7.14 所示。

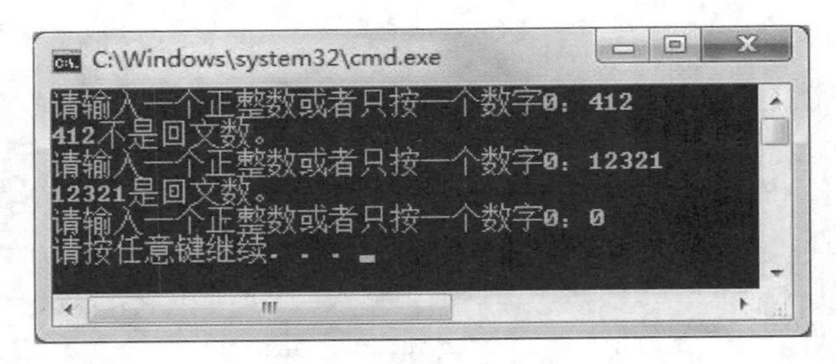

图 7.14　例 7.13 程序运行结果

小　结

本章介绍了数组的概念，讲述了一维数组和多维数组的声明、初始化过程，还探讨了 foreach 语句的使用方法，描述了与数组有关的算法应用。

知　识　点	操　　作
一维数组的声明	一维数组声明语句的格式如下： 数据类型符 [] 数组名=new 数据类型符[长度]； 例如： double [] a=new double [6]；
一维数组的初始化	格式如下： 数据类型符 []　数组名={值 1，值 2，…，值 n}； 例如： int [] i={1,2,3,4,5,6}；

知　识　点	操　　作
数组元素的引用	例如： i[0]=1；
多维数组的声明	二维数组声明语句的格式如下： 数据类型符 [,] 数组名＝new 数据类型符[长度 1,长度 2]； 例如： int [,] i＝new int [3,4]；
多维数组的初始化	格式如下： 数据类型符 [,]　数组名＝{{初值列表 1},{初值列表 2},…,{初值列表 n}}； 例如： int [,]i={{1,2,3,4},{5,6,7,8},{9,10,11,12}}；
交错数组声明语句	格式如下： 数据类型符 [][] 数组名＝new 数据类型符[行数][]； 说明：定义一个名为“数组名”的交错数组，数组包含的一维数组个数由“[行数]”确定。例如： int [][] b＝new int[3][]；

foreach 语句	foreach 语句的格式如下。
	foreach(数据类型符 变量名 in 数组或集合)
	{
	循环体；
	}

课后练习

一、选择题

1. 假定 int 类型变量占用两个字节，若有定义：int []x=new int [10]{0,2,4,4,5,6,7,8,9,10};，则数组 x 在内存中所占字节数是________。

A. 6　　B. 20　　C. 40　　D. 80

2. 以下程序的输出结果是________。

```
Class temp
{
    public static void Main()
    {
        int i; int []a=new int [10]; for(i=9;i>=0;i--) a[i]=10-i;
        Console.WriteLine("{0}{1}{2}",a[2],a[5],a[8]);
    }
}
```

A. 258　　B. 741　　C. 852　　D. 369

3. 有定义语句：int [,]a=new int [5,6];，则下列正确的数组元素的引用是________。

A. a(3,4)　　B. a(3)(4)　　C. a[3][4]　　D. a[3,4]

4. 下列的数组定义语句,不正确的是________。

A. int a[]=new int [5]{1,2,3,4,5};　　B. int [,]a=new int a[3][4];

C. int [][]a=new int [3][];　　D. int []a={1,2,3,4};

5. 在C#中定义一个数组,以下正确的是________。

A. int a=new int[5];　　B. int[] a=new int[5];

C. int a=new int[5];　　D. int[5] a=new int[];

6. 假定int类型变量占用4个字节,若有定义:

```
int[] x=new int[10]{0,2,4,4,5,6,7,8,9,10};
```

则数组x在内存中所占字节数是________。

A. 10　　B. 20　　C. 40　　D. 80

7. 以下数组定义语句中不正确的是________。

A. int[] a=new int[5]{1,2,3,4,5};　　B. int[,] a=new int[3][4];

C. int[][] a=new int[3][0];　　D. int[] a={1,2,3,4,5};

8. 有定义语句:int[,] a=new int[5,6];,则下列正确的数组元素引用是________。

A. a(3,4)　　B. a(3)(4)　　C. a[3][4]　　D. a[3,4]

二、填空题

1. 数组定义与赋初值语句如下:int[] a={1,2,3,4,5};,则a[2]的值为________。

2. 下列程序段执行后,a[4]的值为________。

```
int[] a={1,2,3,4,5};
a[4]=a[a[2]];
```

3. 下列数组定义语句中:int[] a=new int[3];,定义的数组a占的字节数为________。

4. 下列数组定义语句中,数组将在内存中占用________个字节。

```
double[,] d=new double [4,5];
```

5. 要定义一个3行4列的单精度二维数组f,使用的定义语句为________________。

6. 要定义一个int型的交错数组a,数组有两行,第一行一个元素,第二行两个元素并赋初值3和4,使用的语句如下,请填空。

```
int[][] a=________________________;
a[0]=____________________;
a[1]=________________________;
```

第8章 Windows应用程序设计

C#是一种可视化的程序设计语言。窗体和控件是C#程序设计的基础。学习Windows窗体和控件的开发和使用将有助于我们快速建立程序。在C#中，每个Windows窗体和控件都是对象，是对应控件类的实例。我们在窗体中添加一个控件，实际上就是将该控件产生的对象添加到窗体对象上，每个控件都有自己的属性、方法和事件。本章将介绍建立Windows应用程序、使用Windows Forms常用控件、菜单和多文档界面设计等，同时展示在Windows应用程序中使用C#创建并设置窗体的技巧和方法。

本章要点

- 掌握Visual C#开发Windows应用程序的方法。
- 熟练掌握Windows窗体的常用属性、方法和事件。
- 熟练掌握文本类控件的常用属性、方法和事件。
- 熟练掌握选择类控件的常用属性、方法和事件。
- 熟练掌握列表选择类控件的常用属性、方法和事件。
- 掌握计时器的基本用法。
- 掌握常用的键盘和鼠标事件。

8.1 开发Windows应用程序步骤

Windows应用程序是现在比较主流的应用程序。而Visual Studio 2010作为新一代可视化集成开发环境，在开发Windows应用程序方面表现得非常方便、快捷。下面介绍一下Windows应用程序的开发方法。

利用Visual Studio 2010开发Windows应用程序可总结成以下几个步骤。

1. 创建Windows应用程序

启动Visual Studio 2010，选择“文件”→“新建”→“项目”菜单命令，打开“新建项目”对话框，在“新建项目”对话框中的“项目类型”选项中选择Visual C#，这时在“模板”选项中列出了Visual C#可以创建的各种项目，选择“Windows窗体应用程序”选项。

2. 设计界面，添加控件

Visual Studio 2010启动并创建一个Windows应用程序项目后，将自动打开设计视图，并自动生成一个空白Windows窗体。同时，在工具箱中将出现“Windows窗体”控件组。根据程序需求，可以把工具箱中的控件拖动到空白的窗体中。

设计控件的属性。属性控制了对象的外观和表现形式，通过属性设置使窗体或控件的外观符合程序员的要求，根据程序需求选中需要修改的控件(包括窗体)，右键单击控件选择“属性”选项，在设计界面的右侧出现属性窗口，就可以在属性窗口中修改控件属性了。

3. 编写事件方法代码。

选中要添加事件的控件，右键单击控件，在属性窗口中选中“事件”选项卡，在“事件”选项卡中找到需要添加的事件名称，双击事件名称右侧空白处，即可添加该事件。在事件的“{}”大括号中添加相应代码。

8.2 Windows 窗体

在 Windows 应用程序中，Windows 窗体是最基本的单元。每个窗体都有自己的特征。在编程时，可以通过修改 Windows 窗体的属性、调用方法和添加事件等方法来设置它们。

在 C# 中，窗体分为两种类型：普通窗体和 MDI 父窗体。

普通窗体，也称为单文档窗体(SDI)。普通窗体又分为如下两种：

■ 模式窗体。这类窗体在屏幕上显示后用户必须响应，只有在它关闭后才能操作其他窗体或程序。

■ 无模式窗体。这类窗体在屏幕上显示后用户可不必响应，可以随意切换到其他窗体或程序进行操作。通常情况下，当建立新的窗体时，都默认设置为无模式窗体。

MDI 父窗体，即多文档窗体，其中可以放置普通子窗体。

下面将介绍窗体的一些常用的属性、方法和事件。

1. Windows 窗体的常用属性及其作用

(1) Name 属性：设置窗体的名称。

(2) WindowState 属性：设置窗体的初始状态。三种取值：Normal(正常显示)、Minimized(最小化形式显示)和 Maximized(最大化形式显示)。

(3) StartPosition 属性：设置窗体运行时在屏幕上的位置。其取值有 5 种，如下所示。

■ CenterParent：窗体在父窗体的中央。

■ CenterScreen：窗体在屏幕的中央。

■ Manual：窗体的位置由 Location 属性来决定。

■ WindowsDefaultBounds：窗体显示在设计窗体所在的位置。

■ WindowsDefaultLocation：窗体定位在 Windows 默认位置，是窗体的默认起始位置。

(4) Text 属性：设置窗口标题栏中显示的文字。

(5) Width 属性：设置窗体的宽度。

(6) Height 属性：设置窗体的高度。

(7) Left 属性：设置窗体的左边缘的 x 坐标(以像素为单位)。

(8) Top 属性：设置窗体的上边缘的 y 坐标(以像素为单位)。

(9) Font 属性：设置窗体文字的字体属性。

(10) FormBorderStyle 属性：设置窗体的边框样式，其取值有 7 种，如下所示。

■ None：无边框。

■ FixedSingle：固定的单行边框。

■ Fixed3D：立体边框，不可调整窗体大小。

■ FixedDialog：固定的对话框，不可调整窗体大小。

■ Sizable：可调大小的边框，默认值。

■ FixedToolWindow：用于工具窗口边框，不可调整窗体大小，只有"关闭"按钮。

■ SizableFixedToolWindow：用于工具窗口边框，可调整窗体大小，只有"关闭"按钮。

(11) BackColor 属性：设置窗体的背景色。

(12) BackgroundImage 属性：设置窗体的背景图像。

(13) Enabled 属性：设置窗体是否可用，可用为 true；否则为 false。默认值为 true。

(14) ForeColor 属性：设置控件的前景色。

(15) IsMdiChild 属性:设置窗体是否为多文档界面(MDI)子窗体。值为 true 时,是子窗体;值为 false 时,不是子窗体。

(16) IsMdiContainer 属性:设置窗体是否为多文档界面(MDI)中的容器。值为 true 时,是容器;值为 false 时,不是容器。

(17) Visible 属性:设置是否显示该窗体或控件。值为 true 时,显示窗体或控件;为 false 时,不显示。

2. Windows 窗体的常用方法

下面介绍一些窗体的常用方法。

(1) Show 方法:显示窗体。其语法形式为:

public void Show()

public void Show(IWin32Window owner)

例如,使用 Show 显示 Form1 窗体,代码如下:

```
Form1 f=new Form1();
f.Show();
```

(2) Hide 方法:隐藏窗体。其语法形式为:

public void Hide()

例如,使用 Hide 方法隐藏 Form1 窗体,代码如下:

```
Form1 f=new Form1();
f.Hide();
```

(3) Close 方法:关闭窗体。其语法形式为:

public void Close()

例如,使用 Close 方法关闭 Form1 窗体,代码如下:

```
Form1 f=new Form1();
f.Close();
```

3. Windows 窗体的常用事件

Windows 操作系统使用事件驱动,对于窗体的各种操作都是使用事件来实现的。Form 类提供了大量的事件,在窗体的属性面板中,单击事件“ ”按钮,可以看到“事件”选项卡,其中列出了窗体的所有事件。下面介绍几种常用的事件。

1) Activated 事件

用户激活窗体时,触发窗体的 Activated 事件。例如,实现当窗体被激活时显示对话框“Form1 被激活了!”,代码如下:

```
Public void Form1_Activated(object sender,EventArgs e)
{
    MessageBox.Show("Form1 被激活了!");
}
```

2) Load 事件

窗体加载时,触发窗体的 Load 事件,即在第一次显示窗体前发生,它是窗体的默认事件。应用程序启动时,自动执行 Load 事件。

3) Click 事件

单击窗体时,触发窗体的 Click 事件。

4）FormClosed 事件

关闭窗体时，触发 FormClosed 事件。

例 8.1 创建一个 Windows 窗体应用程序，给 Form1 窗体添加 Load 事件，在 Load 事件中对窗体的大小和标题属性进行设置；给 Form1 窗体添加 Activated 事件，在 Activated 事件中，实现当窗体被激活时在窗体的标题栏显示“Form1 被激活了！”；给 Form1 窗体添加 Click 事件，在 Click 事件中，实现当单击窗体时将窗体的背景颜色设置成红色；给 Form1 窗体添加 Closed 事件，在 Closed 事件中，实现当窗体被关闭时显示消息框，显示“Form1 正在被关闭！”。

具体实现步骤如下：

(1) 新建项目：启动 Visual Studio 2010，选择“文件”→“新建”→“项目”菜单命令，打开“新建项目”对话框。在“新建项目”对话框中的“项目类型”选项中选择 Visual C#，这时在“模板”选项中列出了 Visual C# 可以创建的各种项目，选择“Windows 窗体应用程序”选项。在“名称”文本框中输入“t8-1”作为该项目的名称，在“解决方案名称”文本框中输入“t8”。在“位置”下拉列表框中选择要将该项目保存的路径，或单击“浏览”按钮选择路径，最后单击“确定”按钮。

(2) Visual Studio 2010 自动打开设计视图，并自动生成一个 Windows 窗体。该窗体的名称默认为 Form1。

(3) 根据题目要求选中 Form1 窗体，添加窗体的 Load 事件。在设计视图中双击 Form1 窗体，可以给 Form1 窗体添加 Load 事件。双击窗体后将打开代码视图。可以看到，Visual Studio 2010 已经自动添加了 Form1 窗体的 Load 事件处理方法 Form1_Load()。将光标定位在 Form1_Load()方法的一对大括号之间，Form1 窗体的 Load 事件处理方法代码如下：

```
private void Form1_Load(object sender, EventArgs e)
{
    this.Width=500;
    this.Height=100;
    this.Text="这里是 Form1 窗体";
}
```

(4) 添加窗体的 Activated 事件。在设计视图中选中 Form1 窗体，在窗体的属性面板中，单击事件“⚡”按钮，可以看到事件列表，在事件列表中找到 Activated 事件，双击空白处，可以给 Form1 窗体添加 Activated 事件。双击空白处后将打开代码视图。可以看到，Visual Studio 2010 已经自动添加了 Form1 窗体的 Activated 事件处理方法 Form1_Activated()。将光标定位在 Form1_Activated()方法的一对大括号之间，Form1 窗体的 Activated 事件处理方法代码如下：

```
private void Form1_Activated(object sender, EventArgs e)
{
    this.Text="Form1 被激活了！";
}
```

最后要保存程序，选择“文件”菜单项的“保存”命令或单击工具栏上的“保存”按钮，然后按 F5 键或 Ctrl+F5 快捷键运行该程序，Form1 窗体宽 500，高 100，标题栏显示“Form1 被激活了！”，结果如图 8.1 所示。

(5) 添加窗体的 Click 事件。在设计视图中选中 Form1 窗体，在窗体的属性面板中，给

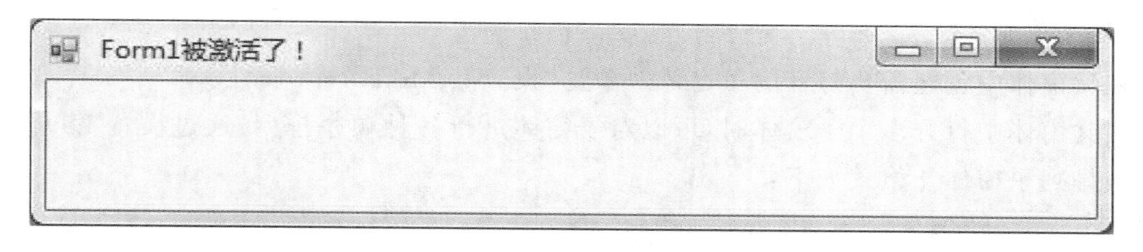

图 8.1　例 8.1 窗体触发 Load 事件和 Activated 事件的运行结果

窗体添加 Click 事件。Form1 窗体的 Click 事件处理方法代码如下：

```
private void Form1_Click(object sender, EventArgs e)
{
    this.BackColor=System.Drawing.Color.Red;
}
```

添加窗体的 FormClosed 事件。在设计视图中选中 FormClosed 窗体，在窗体的属性面板中，给窗体添加 FormClosed 事件。Form1 窗体的 FormClosed 事件处理方法代码如下：

```
private void Form1_FormClosed(object sender, FormClosedEventArgs e)
{
    MessageBox.Show("Form1 正在被关闭!");
}
```

(6) 运行程序，单击"调试"菜单下的"开始执行(不调试)"或者按快捷键 Ctrl+F5，结果如图 8.2 所示。

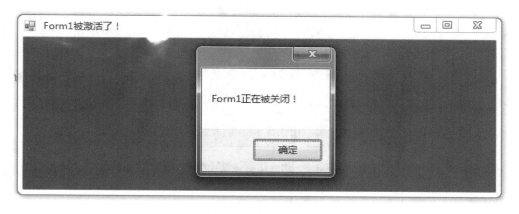

图 8.2　例 8.1 窗体触发 FormClosed 事件的运行结果

4. MDI 窗体

MDI 窗体就是多文档界面，可以显示多个文档，每个文档都有自己的窗口。MDI 窗体包括父窗体和子窗体。父窗体，即多文档窗体，起到了容器的作用，其中可以放置普通子窗体。放在父窗体中的其他窗体被称为子窗体。当启动 MDI 程序时，首先显示父窗体。所有打开的子窗体都被包含在父窗体中，在父窗体中可以打开多个子窗体。

创建 MDI 程序包括两个步骤：设置父窗体和设置子窗体。

1) 设置父窗体

找到需要设置成父窗体的某个窗体，将窗体的属性面板中的 IsMdiContainer 属性值设为 true 就可以了。

2）设置子窗体

在父窗体中创建需要打开的子窗体对象，并设置其 MdiParent 属性。

当父窗体中打开多个子窗体时，可以对子窗体进行各种顺序排列，通过设置 LayoutMdi 方法来排列子窗体。格式如下：

```
public void LayoutMdi(MdiLayout value)
```

value 是 MdiLayout 枚举值之一，可有以下三种选择：

- Cascade：所有子窗体层叠排列。
- TileHorizontal：所有子窗体水平平铺。
- TileVertical：所有子窗体垂直平铺。

例 8.2 创建一个 Windows 窗体应用程序，添加 4 个窗体，Form1 窗体设为父窗体，其他三个设为子窗体，三个子窗体可以在 Form1 窗体中显示，设置子窗体的排列方式。设计界面如图 8.3 所示。

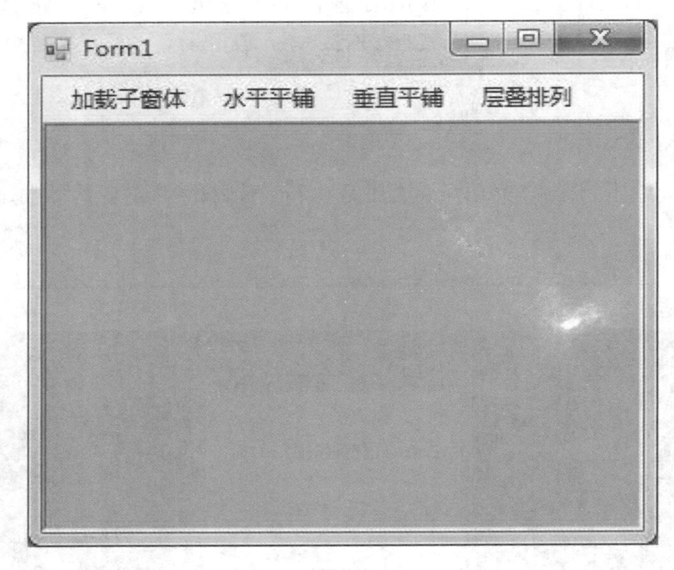

图 8.3　例 8.2 窗体设计界面

具体实现步骤如下：

（1）新建项目：创建一个 Windows 应用程序，该项目的名称为“t8-2”，解决方案名称为“t8”。

（2）添加窗体：打开解决方案资源管理器，右击项目名“t8-2”，选择“添加”→“Windows 窗体”，在弹出的“添加新项”对话框中选择“Windows 窗体”类型，单击“添加”按钮，“Form2”窗体就添加到项目中了。按照这种方法添加“Form3”窗体、“Form4”窗体。

（3）设置窗体属性：打开 Form1 窗体，添加一个菜单控件（MenuStrip1），为菜单项添加子菜单，如图 8.3 所示。设置 Form1 窗体的 IsMdiContainer 属性为 true。

（4）添加菜单项子菜单的 Click 事件，代码如下所示：

打开 Form1 窗体设计界面，双击“加载子窗体”菜单，为该菜单项添加 Click 单击事件，代码如下：

```
private void 加载子窗体 ToolStripMenuItem_Click(object sender, EventArgs e)
{
    Form2 frm2=new Form2();//实例化 Form2
    frm2.MdiParent=this;//设置 MdiParent 属性,将当前窗体作为父窗体
    frm2.Show();//使用 Show 方法打开窗体
    Form3 frm3=new Form3();//实例化 Form3
    frm3.MdiParent=this;//设置 MdiParent 属性,将当前窗体作为父窗体
    frm3.Show();//使用 Show 方法打开窗体
    Form4 frm4=new Form4();//实例化 Form4
    frm4.MdiParent=this;//设置 MdiParent 属性,将当前窗体作为父窗体
    frm4.Show();//使用 Show 方法打开窗体
}
```

双击“水平平铺”菜单，为该菜单项添加 Click 单击事件，代码如下：

```
private void 水平平铺 ToolStripMenuItem_Click(object sender, EventArgs e)
{
    LayoutMdi(MdiLayout.TileHorizontal);
}
```

双击“垂直平铺”菜单，添加该菜单项的单击事件代码如下：

```
private void 垂直平铺 ToolStripMenuItem_Click(object sender, EventArgs e)
{
    LayoutMdi(MdiLayout. TileVertical);
}
```

双击“层叠排列”菜单，为该菜单项添加 Click 单击事件，代码如下：

```
private void 层叠排列 ToolStripMenuItem_Click(object sender, EventArgs e)
{
    LayoutMdi(MdiLayout.Cascade);
}
```

(5) 保存程序，选择“文件”菜单项的“保存”命令或单击工具栏上的“保存”按钮，然后按 F5 键或 Ctrl+F5 快捷键运行该程序，结果如图 8.4 所示。

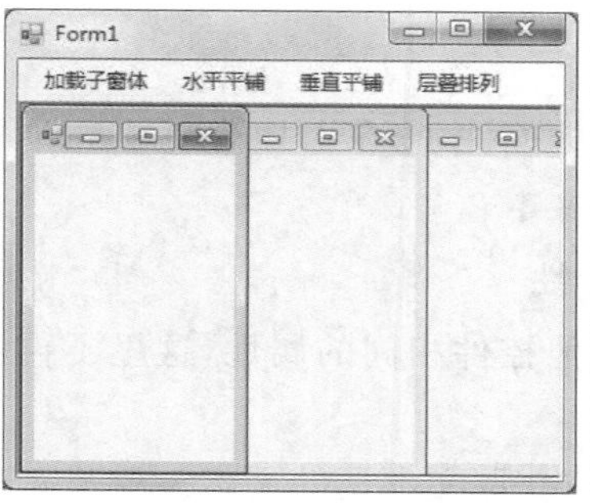

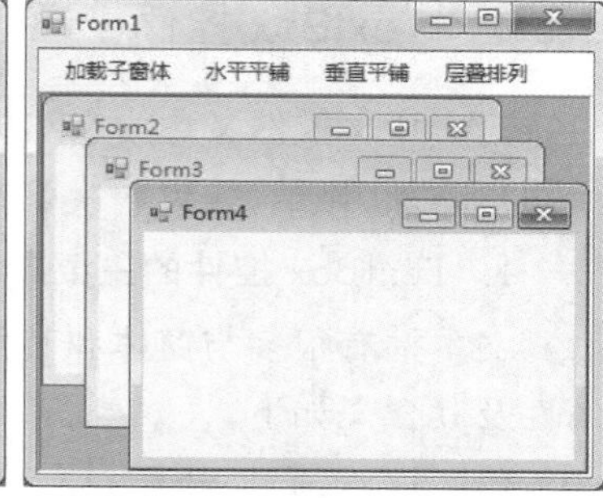

图 8.4　例 8.2 程序运行结果

说明：本例题在加载子窗体时，调用了窗体 Form2、Form3、Form4。窗体的调用根据 Windows 显示状态的不同，可分为模式窗体和非模式窗体。

模式窗体使用 ShowDialog 方法显示窗体，例如，以模式窗体方式显示 Form2 窗体，代码如下：

```
Form2 f2=new Form2();
f2.ShowDialog();
```

非模式窗体使用 Show 方法显示窗体，例如，以非模式窗体方式显示 Form2 窗体，代码如下：

```
Form2 f2=new Form2();
f2.Show();
```

8.3 文本类控件的使用

文本类控件用来显示或设置文本信息，在 C# 中主要的文本控件有 Label、TextBox、RichTextBox 等控件。

8.3.1 Label 控件

Label 控件又称为标签控件，它在工具箱中显示的图标为 A Label 。它主要用于显示用户的文本信息，显示的文本不能编辑。

标签具有 Visible、ForeColor、Font 等属性，与窗体的相应属性相似，这里就不再做介绍。以后介绍的控件也将使用同样的方法来处理。标签的其他主要属性及其含义如下。

(1) Text 属性：用于设置或获取标签控件中显示的文本信息。

(2) AutoSize 属性：用于设置或获取是否自动调整控件的大小以完整显示标签中文本的内容。取值为 true 时，控件将根据文本内容自动调整标签的大小；取值为 false 时，控件的大小为设计时的大小。

(3) BorderStyle 属性：用来设置标签的边框样式。有三种样式：BorderStyle.None 为无边框(默认)，BorderStyle.FixedSingle 为固定单边框，BorderStyle.Fixed3D 为三维边框。

(4) Enabled 属性：用来设置标签控件是否为可用状态。值为 true 时，允许使用控件；值为 false 时，则禁止使用控件。当禁止使用该控件时，标签呈暗淡色。

8.3.2 TextBox 控件

TextBox 控件又称为文本框控件，它在工具箱中显示的图标为 abl TextBox 。它主要用于用户输入、显示、编辑和修改文本。

1. TextBox 控件的主要属性

文本框有很多与窗体和其他控件相同的属性，这里不再重复介绍。文本框的其他主要属性及其含义如下。

(1) Text 属性：用于设置或获取文本框的文本。要显示的文本就包含在 Text 属性中。默认情况下，在一个文本框中可最多输入 2048 个字符。如果是多行显示文本，最多可输入 32 KB 的文本。

(2) MultiLine 属性：用于设置或获取文本框中的文本是否为多行输入和多行显示。值为 true 时，允许多行显示；值为 false 时，不允许多行显示。

(3) ReadOnly 属性：用于设置或获取文本框中的文本是否为只读。值为 true 时，为只读；值为 false 时，可读可写。

(4) PasswordChar 属性：用于设置或获取一个字符，运行程序时，文本框中输入的字符将替换成该字符显示，通常在程序中需要输入密码和口令时使用该属性。

(5) ScrollBars 属性：用于设置或获取多行文本框控件的滚动条模式，有四种模式：ScrollBars. None(无滚动条)，ScrollBars. Horizontal(水平滚动条)，ScrollBars. Vertical(垂直滚动条)，ScrollBars. Both(水平和垂直滚动条)。

(6) TextLength 属性：用于获取控件中文本的长度。

2. TextBox 控件的常用方法

(1) Clear 方法：清除文本框控件中所有的文本。例如，清除文本框 textBox1 的所有文本，代码如下：

```
textBox1.Clear();
```

(2) Focus 方法：将文本框设置为输入焦点。例如，将文本框 textBox1 设置为输入焦点，代码如下：

```
textBox1.Focus();
```

该方法无参数。

(3) Select 方法：用于在文本框中设置选定文本。例如，选定文本框 textBox1 中第 1 个字符开始连续十个字符的文本，代码如下：

```
textBox1.Select(0,10);
```

该方法有两个参数：第一个参数用来设定文本框中选定文本的第一个字符的位置，文本的位置从“0”开始计算；第二个参数 length 用来设定要选择的字符数。

(4) SelectAll 方法：用于选定文本框中的所有文本。例如，选定文本框 textBox1 中所有的文本，代码如下：

```
textBox1.SelectAll();
```

3. TextBox 控件的常用事件

(1) TextChanged 事件：当文本框的 Text 属性值发生更改时触发该事件。通过编程修改或者在用户使用过程中更改文本框的 Text 属性值，引发此事件。

(2) LostFocus 事件：当文本框失去焦点时触发该事件。

(3) GotFocus 事件：当文本框接收焦点时触发该事件。

例 8.3 创建一个 Windows 窗体应用程序，设计用户留言界面，要求在文本框中输入用户名和密码，输入密码后自动判断用户名不为空，并且密码为“1”，则解锁“添加留言”文本框和“确定”按钮。在“添加留言”文本框中添加留言后，单击“确定”按钮，弹出消息框，显示用户名和添加留言的内容。设计界面如图 8.5 所示。

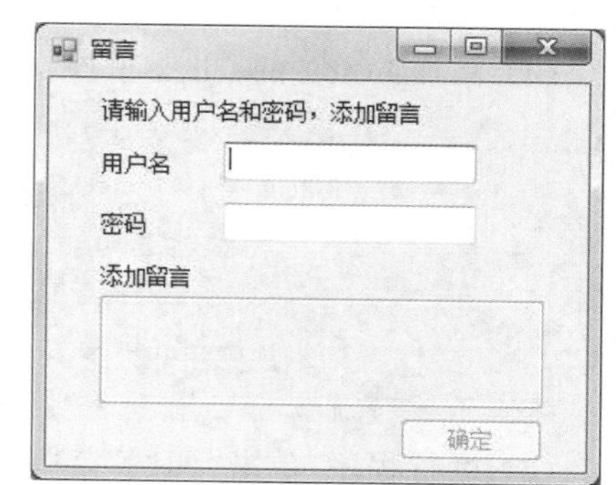

图 8.5　例 8.3 程序设计界面

具体实现步骤如下：

(1) 新建项目：创建 Windows 应用程序，项目的名称为“t8-3”。

(2) 根据题目要求选中 Form1 窗体，设计程序界面。本例中控件对象的属性设置如表 8.1 所示。

表 8.1　用户留言界面中控件对象的属性设置

控件名称	属性名	属性值
Form1	Text	留言
textBox1	name	txtname
textBox2	name	txtpwd
textBox3	name	txtmessage
button1	name	btnok
	Text	确定
label1	Text	请输入用户名和密码,添加留言
label2	Text	用户名
label3	Text	密码
label4	Text	添加留言

(3) 找到 txtpwd 文本框控件,添加 txtpwd 的 TextChanged 事件,代码如下:

```
private void txtpwd_TextChanged(object sender, EventArgs e)
{
    //如果输入了姓名,且密码框内容为"1",则解锁 txtmessage,否则锁定
    if (txtname.Text !="" && txtpwd.Text=="1")
    {
        //逐个控件解锁
        txtmessage.Enabled=true;
        btnok.Enabled=true;
    }
    else
    {
        txtmessage.Enabled=false;
        btnok.Enabled=false;
        MessageBox.Show("请输入正确的用户名和密码!");
    }
}
```

(4) 添加 btnok 的 Click 事件,代码如下:

```
private void btnok_Click(object sender, EventArgs e)
{
    string mess="用户:"+txtname.Text.ToString()+"\n 留言:"
        +txtmessage.Text.ToString();
    MessageBox.Show(mess);
}
```

(5) 运行程序,单击"调试"菜单下的"开始执行(不调试)"或者按快捷键 Ctrl+F5,结果如图 8.6 所示。

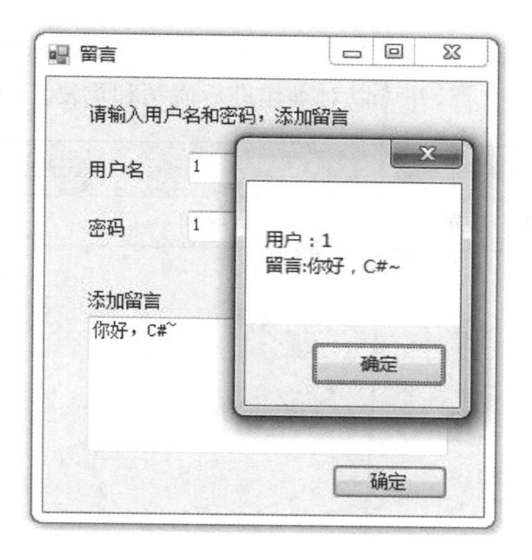

图 8.6　例 8.3 程序运行结果

8.3.3　RichTextBox 控件

RichTextBox 控件又称为有格式文本框控件，它既可以输入文本，又可以编辑文本，它在工具箱中显示的图标为 RichTextBox。和 TextBox 控件一样，属于文本类控件，但 RichTextBox 控件的文字处理功能比 TextBox 控件更加丰富，例如，它可以设定文字的颜色、字体、链接，可以从文件中加载文本和嵌入的图像，还可以查找指定的字符。

1. RichTextBox 控件的常用属性

上面介绍的 TextBox 控件所具有的属性，RichTextBox 控件基本上都具有，这里不再重复介绍。除此之外，该控件还具有一些其他属性。

(1) BorderStyle 属性：用于设置或获取文本框控件的边框类型。

(2) RightMargin 属性：用来设置 RichTextBox 控件中右侧空白的大小，单位是像素。通过该属性可以设置右侧空白，例如，设置 richTextBox1 右侧空白为 30 像素，代码如下：

```
richTextBox1.RightMargin=richTextBox1.Width -30;
```

(3) EnableAutoDragDrop 属性：用来设置控件中的文本、图片和其他数据上是否启用拖放操作。

(4) SelectionColor 属性：用来设置当前选定文本或插入点的文本颜色。

(5) SelectionFont 属性：用来设置当前选定文本或插入点的字体。

2. RichTextBox 控件的常用方法

(1) Undo 和 Redo 方法。

Undo 方法用于撤销上次的操作。例如，撤销 richTextBox1 上次的操作，代码如下：

```
richTextBox1. Undo();
```

Redo 用于重新应用上次被撤销的操作。例如，重新应用 richTextBox1 上次撤销的操作，代码如下：

```
richTextBox1. Redo();
```

(2) Find 方法：用于在 RichTextBox 控件中查找指定的字符串。

(3) SaveFile 方法：用于将 RichTextBox 中的信息保存到指定的文件中。

(4) LoadFile 方法：用于将文本文件、RTF 文件加载到 RichTextBox 控件中。

例 8.4 有格式文本框控件的运用。创建一个 Windows 窗体应用程序，通过工具栏和格式文本框控件查看文本文档，并可以对操作进行撤销和重复。设计界面如图 8.7 所示。

图 8.7 例 8.4 程序设计界面

具体实现步骤如下：

(1) 新建项目：创建 Windows 应用程序，项目的名称为“t8-4”。

(2) 根据题目要求选中 Form1 窗体，设计程序界面，添加 toolStrip 工具栏控件，并在工具栏上添加三个按钮。本例窗体及控件对象的属性设置如表 8.2 所示。

表 8.2 例 8.4 控件对象的属性设置

控件名称	属性名	属性值
Form1	Text	文本文档浏览
toolStripButton1	name	tsbOpen
toolStripButton2	name	tsbUndo
toolStripButton3	name	tsbRedo
richTextBox1	Dock	Fill

(3) 找到 tsbOpen 工具栏按钮控件，添加 tsbOpen 的 Click 事件，代码如下：

```
private void tsbOpen_Click(object sender, EventArgs e)
{
    //判断是否单击了“确定”按钮
    if (openFileDialog1.ShowDialog()==DialogResult.OK)
    {
        //把文件路径赋值给 path
        string path=this.openFileDialog1.FileName;
        //打开文件
        richTextBox1.LoadFile(path,RichTextBoxStreamType.PlainText);
        //为 richTextBox1 设置焦点
        richTextBox1.Focus();
    }
}
```

（4）添加 tsbUndo 的 Click 事件，代码如下：

```
private void tsbUndo_Click(object sender, EventArgs e)
{
    richTextBox1.Undo();
}
```

（5）添加 tsbRedo 的 Click 事件，代码如下：

```
private void tsbRedo_Click(object sender, EventArgs e)
{
    richTextBox1.Redo();
}
```

（6）运行程序，单击“调试”菜单下的“开始执行（不调试）”或者按快捷键 Ctrl＋F5，结果如图 8.8 所示。

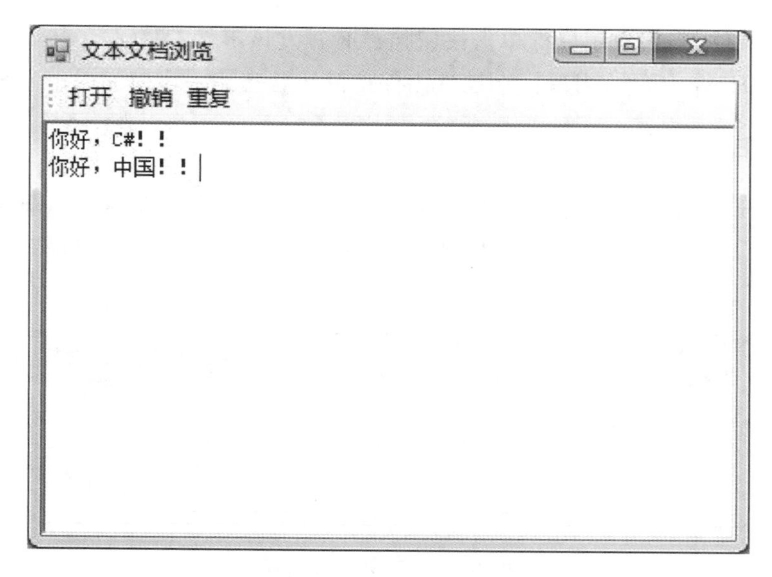

图 8.8　例 8.4 程序运行结果

8.4　按钮类控件的使用

8.4.1　Button 控件

Button 控件又称按钮控件，我们在编写 Windows 应用程序时经常使用到按钮控件。它在工具箱中显示的图标为 Button。通常通过触发按钮的 Click 事件来执行命令，实现用户交互。

1. Button 控件的常用属性

Button 控件具有的许多常规属性与窗体相同，此处不再介绍。下面将介绍该控件有特色的属性。

（1）DialogResult 属性：当使用 ShowDialog 方法显示窗体时，可以使用该属性设置当用户按了该按钮后，ShowDialog 方法的返回值。值有 OK、Cancel、Abort、Retry、Ignore、Yes、No 等。

（2）Image 属性：用来设置按钮上显示的图像。

(3) FlatStyle 属性:用来设置按钮平面样式的外观。有四种取值,如表 8.3 所示。

表 8.3　FlatStyle 属性取值及其含义

取　　值	含　　义
FlatStyle. Flat	Button 控件以平面显示
FlatStyle. Popup	Button 控件以平面显示,直到鼠标指针移动到该控件为止,此时该控件外观为三维
FlatStyle. Standard	该控件外观为三维
FlatStyle. System	该控件外观由用户的操作系统决定

2. Button 控件的常用事件

(1) Click 事件:当用户用鼠标单击按钮控件时触发该事件。

(2) MouseHover 事件:当鼠标在控件内保持静止状态达一段时间时触发该事件。

8.4.2　RadioButton 控件

RadioButton 控件又称单选按钮控件,它在工具箱中显示的图标为 RadioButton。单选按钮通常会两个以上成组地出现,它为用户提供两个或多个互斥选项,用户只能在一组单选按钮中选择一个。单选按钮控件的样式如图 8.9 所示。

图 8.9　单选按钮控件的样式

1. RadioButton 控件的常用属性

(1) Checked 属性:用于设置或获取单选按钮是否被选中。值为 true,表示选中状态;值为 false,则表示未选中状态。

(2) AutoCheck 属性:设置一个值,表示当单击控件时,Checked 属性和控件外观是否自动改变。值为 true(默认),表示单击当前单选按钮时,将自动清除该组中其他单选按钮。

(3) Appearance 属性:用于设置或获取单选按钮控件的外观。有两种取值:Normal 和 Button。

- 取值为 Appearance. Normal 时,就是默认的单选按钮的外观。
- 取值为 Appearance. Button 时,将使单选按钮的外观像命令按钮一样。

(4) Text 属性:用来设置单选按钮控件内显示的文本。

2. RadioButton 控件的常用事件

(1) Click 事件:当单击单选按钮时,将把单选按钮的 Checked 属性值设置为 true,变为选中状态,同时触发 Click 事件。

(2) CheckedChanged 事件:当 Checked 属性值发生更改时触发 CheckedChanged 事件。

例 8.5 单选按钮控件的运用。创建一个 Windows 窗体应用程序，通过选择不同的单选按钮，实现在标签中显示不同专业编号。设计界面如图 8.10 所示。

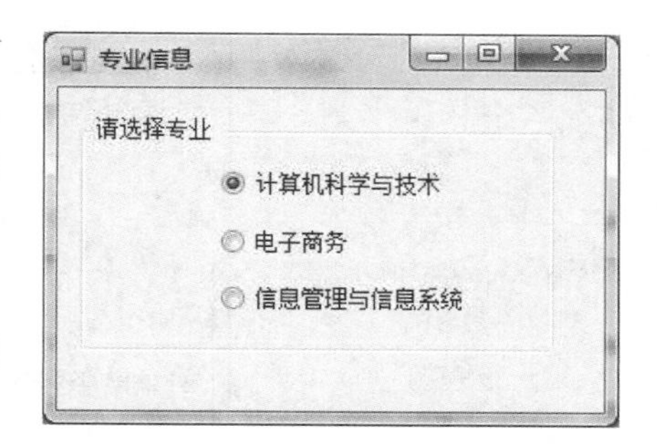

图 8.10 例 8.5 程序设计界面

具体实现步骤如下：

(1) 新建项目：创建 Windows 应用程序，项目的名称为“t8-5”。

(2) 根据题目要求选中 Form1 窗体，设计程序界面。本例窗体及控件对象的属性设置如表 8.4 所示。

表 8.4 例 8.5 控件对象的属性设置

控件名称	属性名	属性值
Form1	Text	专业信息
radioButton1	Text	计算机科学与技术
radioButton2	Text	电子商务
radioButton3	Text	信息管理与信息系统
groupBox1	Text	请选择专业
label1	Text	“”

(3) 找到 radioButton1 单选按钮控件，添加 radioButton1 的 CheckedChanged 事件，代码如下：

```
private void radioButton1_CheckedChanged(object sender, EventArgs e)
{
    label1.Text=radioButton1.Text+"专业编号:01";
}
```

(4) 找到 radioButton2 单选按钮控件，添加 radioButton2 的 CheckedChanged 事件，代码如下：

```
private void radioButton2_CheckedChanged(object sender, EventArgs e)
{
    label1.Text=radioButton2.Text+"专业编号:02";
}
```

(5) 找到 radioButton3 单选按钮控件，添加 radioButton3 的 CheckedChanged 事件，代码如下：

```
private void radioButton3_CheckedChanged(object sender, EventArgs e)
{
    label1.Text=radioButton3.Text+"专业编号:03";
}
```

(6) 运行程序，单击“调试”菜单下的“开始执行(不调试)”或者按快捷键 Ctrl+F5，结果如图 8.11 所示。

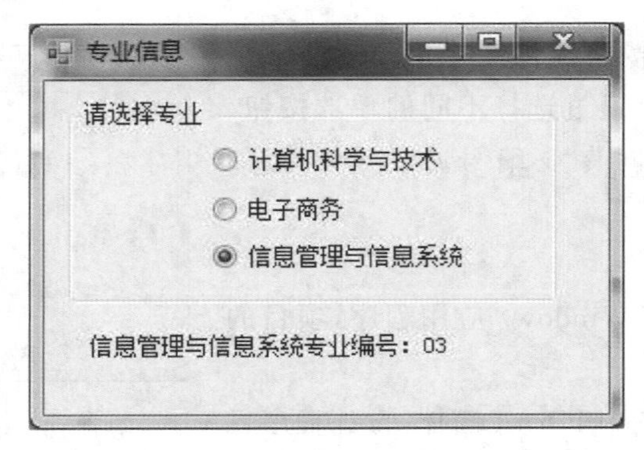

图 8.11　例 8.5 程序运行结果

8.4.3　CheckBox 控件

CheckBox 控件又称为复选框控件，它在工具箱中的图标为 ☑ CheckBox。复选框控件与单选按钮控件类似，用来表示是否选取了某项条件。在一组复选框中可以同时选择一项或多项，甚至不选。复选框控件的样式如图 8.12 所示。

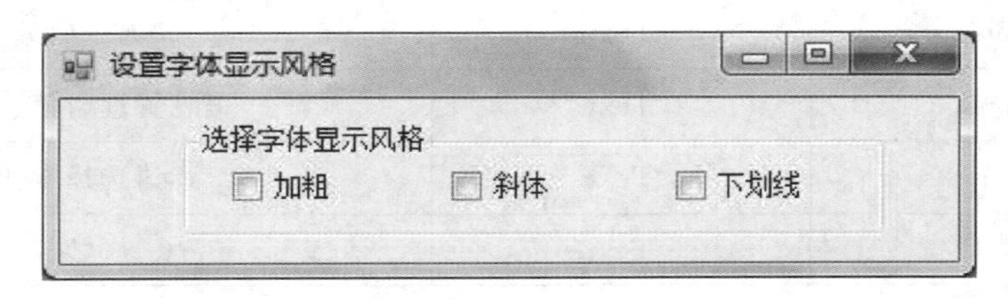

图 8.12　复选框的样式

1. CheckBox 控件的常用属性

(1) TextAlign 属性：用于设置或获取控件上文字的对齐方式，有 8 种对齐方式。

(2) ThreeState 属性：用于设置或获取复选框是否允许表示三种状态。

(3) Checked 属性：用于设置或获取复选框是否被选中。值为 true，表示复选框被选中；值为 false，表示复选框没被选中。

(4) CheckState 属性：用来设置或获取复选框的状态。

2. CheckBox 控件的常用事件

有 Click 和 CheckedChanged 等，其含义及触发时机与单选按钮一致。

(1) CheckedChanged 事件：当 Checked 属性值发生更改时触发 CheckedChanged 事件。

(2) CheckedStateChanged 事件：当 CheckedState 属性值发生更改时触发 CheckedStateChanged 事件。

例 8.6　复选框控件的运用。创建一个 Windows 窗体应用程序，通过选择不同的复选框，实现输出选中的选修课程。设计界面如图 8.13 所示。

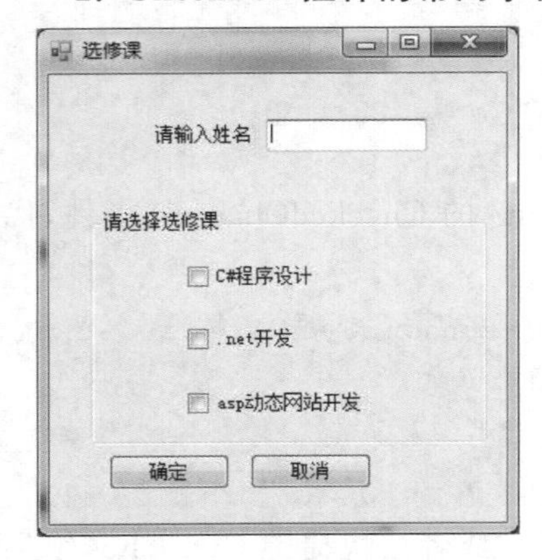

图 8.13　例 8.6 程序设计界面

具体实现步骤如下：

（1）新建项目：创建 Windows 应用程序，项目的名称为“t8-6”。

（2）根据题目要求选中 Form1 窗体，设计程序界面。本例窗体及控件对象的属性设置如表 8.5 所示。

表 8.5　例 8.6 控件对象的属性设置

控件名称	属性名	属性值
Form1	Text	选修课
checkBox1	Text	C#程序设计
checkBox2	Text	.net 开发
checkBox3	Text	asp 动态网站开发
groupBox1	Text	请选择选修课
button1	Text	确定
button2	Text	取消

（3）找到 textBox1 文本框控件，添加 textBox1 的 Validating 事件，代码如下：

```
private void textBox1_Validating(object sender, CancelEventArgs e)
{
        if (textBox1.Text.Trim()==string.Empty)
        {
                MessageBox.Show("姓名为空,请重新输入!");
                textBox1.Focus();
        }
}
```

（4）找到 button1“确定”按钮控件，添加 button1 的 Click 事件，代码如下：

```
private void button1_Click(object sender, EventArgs e)
{
        string strUser=string.Empty;
        strUser="姓名:"+textBox1.Text+"\n 已选选修课:";
        if (checkBox1.Checked)
        {
                strUser=strUser+"\n"+checkBox1.Text;
        }
        if (checkBox2.Checked)
        {
                strUser=strUser+"\n"+checkBox2.Text;
        }
        if (checkBox3.Checked)
        {
                strUser=strUser+"\n"+checkBox3.Text;
        }
        DialogResult result=MessageBox.Show(strUser, "信息确认",
```

```
                MessageBoxButtons.OKCancel, MessageBoxIcon.Information,
                MessageBoxDefaultButton.Button1);
            if (result==DialogResult.OK)
            {
                textBox1.Clear();
                checkBox1.Checked=false;
                checkBox2.Checked=false;
                checkBox3.Checked=false;
            }
        }
```

(5) 找到 button2"取消"按钮控件,添加 button2 的 Click 事件,代码如下:

```
private void button2_Click(object sender, EventArgs e)
{
        this.Close();
}
```

结果如图 8.14 所示。

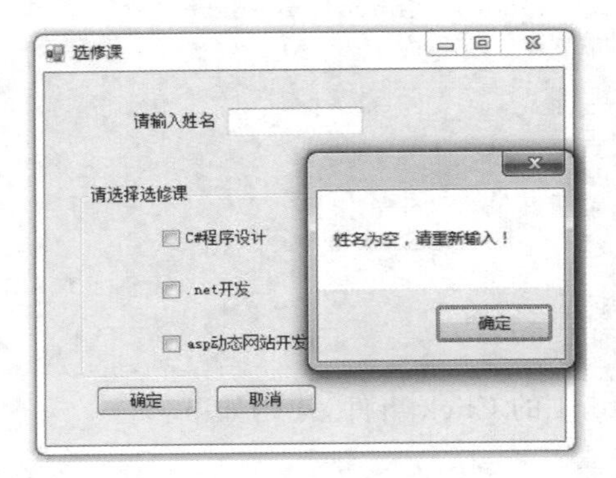

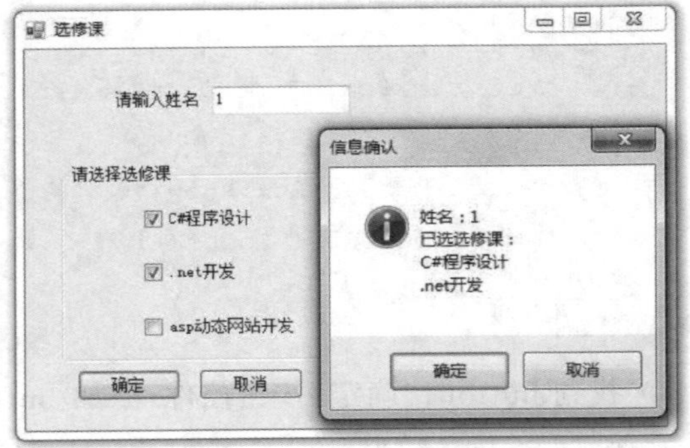

图 8.14　例 8.6 程序运行结果

8.5　列表类控件的使用

列表类控件通常用于选择一组给定的选项中的一个或多个选项,下面主要介绍 ListBox 控件、ComboBox 控件和 ListView 控件三个列表类控件。列表框的样式如图 8.15 所示。

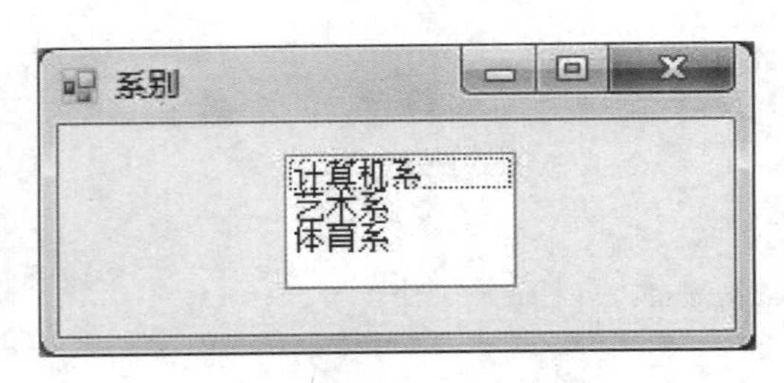

图 8.15　列表框的样式

8.5.1　ListBox 控件

ListBox 控件又称为列表框控件,它在工具箱中的图标为 ListBox ,它用于显示项目列表。在列表框中,用户一次可以选择一项,也可以选择多项。

1. ListBox 控件的常用属性

(1) Items 属性:用于设置或获取列表框中的列表项集合。通过设置该属性,可以添加列表项、移除列表项和获得列表项的数目。

(2) MultiColumn 属性:用于设置或获取一个值,该值指示 ListBox 是否允许用户选择多个列表项。值为 true 时允许显示多列,值为 false 时不允许显示多列。

(3) ColumnWidth 属性:用于设置或获取多列列表框控件中列的宽度。

(4) SelectionMode 属性:用于设置或获取列表框控件的选择方式,其值有三种选择:

选择 SelectionMode. MultiExtended 时,表示可以选择列表框中的多项,用户可通过按下 Shift 键、箭头键和 Ctrl 键来选择列表中的某项。

选择 SelectionMode. MultiSimple 时,表示可以选择列表框中的多项,用户可通过单击鼠标或按空格键来选择列表中的某项。

该属性的默认值为 SelectionMode. One,表示用户只能选择一项。

(5) SelectedIndex 属性:用于设置或获取 ListBox 控件中当前选定项。如果没有选定列表框中的任何一项,则返回值为 1。如果列表框控件只能选择一项,通过使用此属性可以确定 ListBox 中选定的项的索引。

(6) SelectedIndices 属性:可以获取一个集合,该集合包含列表框控件中所有选定项的从零开始的索引。如果列表框可以选择多项,并在该列表中已经选定多个项,此时应用 SelectedIndices 来获取选定项的索引。

(7) SelectedItem 属性:用于设置或获取列表框中的当前选定项。

(8) SelectedItems 属性:用于获取列表框控件中选定项的集合,当列表框控件允许多项选择,也就是说,当它的 SelectionMode 属性值设置为 SelectionMode. MultiSimple 或 SelectionMode. MultiExtended 时使用。

(9) Sorted 属性:用于设置列表框控件中的列表项是否按字母顺序排列。该属性值为 true,表示列表项按字母排序;该属性值为 false,表示列表项不按字母排序。默认值为 false。

2. ListBox 控件的常用方法

(1) FindString 方法:用于查找列表框中以指定字符串开始的第一个项。

(2) SetSelected 方法:用于选择或清除对列表框中指定项的选定。

(3) Items. Add 方法:调用该方法可以用于向列表框中增添一个列表项,例如,向 listBox1 列表框控件中添加一项。

```
listBox1.Items.Add("hello ,C#");
```

说明:将字符串"hello,C#"作为一项,添加到 listBox1 列表框的列表项中。

(4) Items. Insert 方法:用于在列表框中指定位置插入一个列表项,例如,向 listBox1 列表框控件中索引为 2 的位置处插入一项。

```
listBox1.Items. Insert ("hello ,C#",2);
```

说明:参数"2"代表要插入的项的位置索引,参数"hello,C#"代表要插入的项,其功能是把"hello,C#"插到 listBox1 列表框中指定的索引为 2 的位置处。

(5) Items. Remove 方法:用于从列表框中删除一个列表项。

(6) Items. Clear 方法:用于清除列表框中的所有项。例如,清除 listBox1 列表框中所有的项:

```
listBox1.Items. Clear();
```

(7) BeginUpdate 方法和 EndUpdate 方法。通常会同时使用这两个方法,主要是为了保证在调用 Items. Add 方法向列表框中添加列表项时,不重绘列表框。在向列表框添加项之前,调用 BeginUpdate 方法,以防止每次向列表框中添加项时都重新绘制 ListBox 控件。完成向列表框中添加项后,再调用 EndUpdate 方法使 ListBox 控件重新绘制。例如:

```
public void AddItem()
{
        listBox1.BeginUpdate();
        for(int x=1; x<5000; x++)
        {
                listBox1.Items.Add("Item "+x.ToString());
        }
        listBox1.EndUpdate();
}
```

说明:如上例中,对于 listBox1 列表框,通过循环向 listBox1 列表框中添加大量的列表项,在添加列表项之前加入代码“listBox1. BeginUpdate();”,在添加列表项结束后加入代码“listBox1. EndUpdate();”。这种方法可以防止在绘制 ListBox 时出现闪烁现象。

例 8.7 列表框控件的运用。创建一个 Windows 窗体应用程序,通过选择列表框中不同的选项,实现选修课程。设计界面如图 8.16 所示。

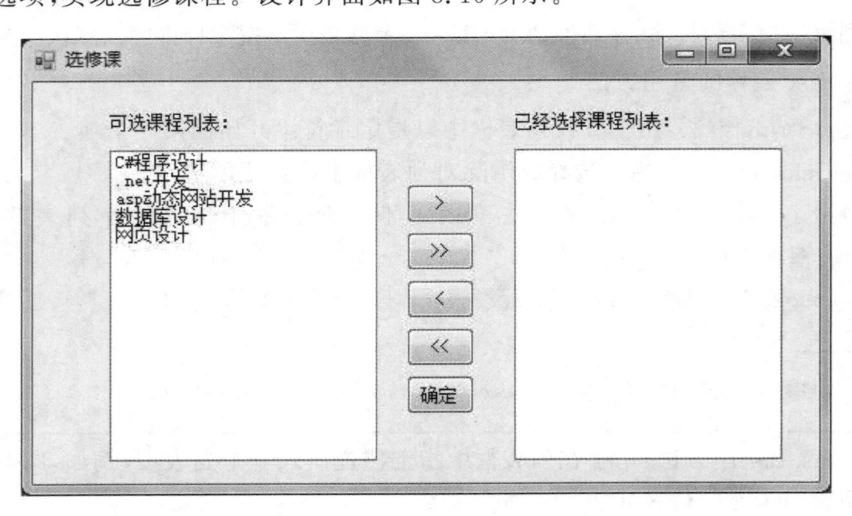

图 8.16 例 8.7 程序设计界面

具体实现步骤如下:

(1) 新建项目:创建 Windows 应用程序,项目的名称为“t8-7”。

(2) 根据题目要求选中 Form1 窗体,设计程序界面。本例中控件对象的属性设置如表 8.6 所示。

表 8.6　例 8.7 控件对象的属性设置

控件名称	属性名	属性值
Form1	Text	选修课
label1	Text	可选课程列表:
label2	Text	已经选择课程列表
listBox1	Name	lstLeft
	Items	C#程序设计 .net 开发 asp 动态网站开发 数据库设计 网页设计
listBox2	Name	lstRight
button1	Name	btnRight
	Text	>
button2	Name	btnRightAll
	Text	>>
button3	Name	btnLeft
	Text	<
button4	Name	btnLeftAll
	Text	<<
button5	Name	btnOk
	Text	确定

(3) 找到 btnRight">"按钮控件,添加 btnRight 的 Click 事件,代码如下:

```
private void btnRight_Click(object sender, EventArgs e)
{
    if (lstLeft.SelectedItems.Count==0)
    {
    return;
    }
    else
    {
        lstRight.Items.Add(lstLeft.SelectedItem);
        lstLeft.Items.Remove(lstLeft.SelectedItem);
    }
}
```

(4) 找到 btnRightAll“＞＞”按钮控件，添加 btnRightAll 的 Click 事件，代码如下：

```
private void btnRightAll_Click(object sender, EventArgs e)
{
    foreach (object item in lstLeft.Items)
    {
        lstRight.Items.Add(item);
    }
    lstLeft.Items.Clear();
}
```

(5) 找到 btnLeft“＜”按钮控件，添加 btnLeft 的 Click 事件，代码如下：

```
private void btnLeft_Click(object sender, EventArgs e)
{
    if (lstRight.SelectedItems.Count==0)
    {
        return;
    }
    else
    {
        lstLeft.Items.Add(lstRight.SelectedItem);
        lstRight.Items.Remove(lstRight.SelectedItem);
    }
}
```

(6) 找到 btnLeftAll“＜＜”按钮控件，添加 btnLeftAll 的 Click 事件，代码如下：

```
private void btnLeftAll_Click(object sender, EventArgs e)
{
     foreach (object item in lstRight.Items)
    {
        lstLeft.Items.Add(item);
    }
    lstRight.Items.Clear();
}
```

(7) 找到 btnOk“确定”按钮控件，添加 btnOk 的 Click 事件，代码如下：

```
private void btnOk_Click(object sender, EventArgs e)
{
    string s="您已选择的课程有:\n";
    foreach (object item in lstRight.Items)
    {
        s=s+item.ToString()+"\n";
    }
    MessageBox.Show(s);
}
```

(8) 运行程序，单击“调试”菜单下的“开始执行(不调试)”或者按快捷键 Ctrl+F5，结果如图 8.17 所示。

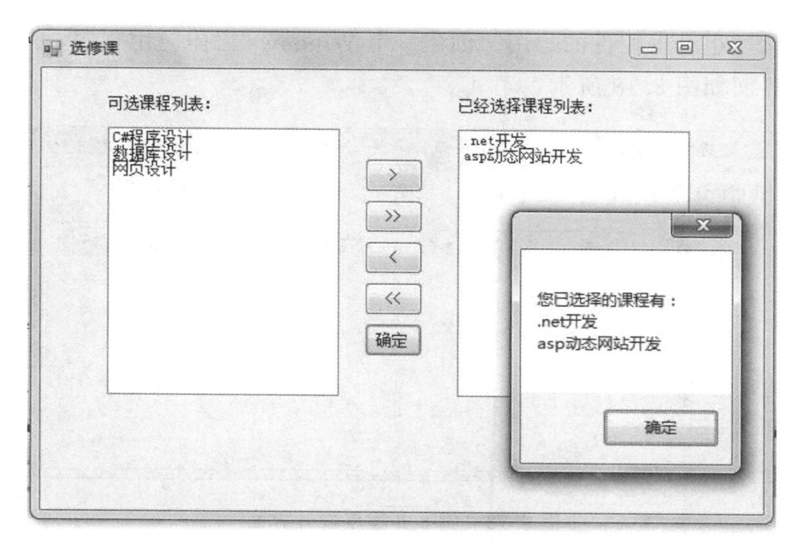

图 8.17　例 8.7 程序运行结果

8.5.2　ComboBox 控件

ComboBox 控件又称为组合框控件，它在工具箱中的图标为 ComboBox，它用于使用组合框的形式显示项目列表。默认情况下，该控件分两个部分显示：第一部分，控件顶部是一个允许用户输入文本的文本框；第二部分，下面是一个用于显示列表项的列表框。

1. ComboBox 控件的常用属性

组合框控件和列表框控件有很多相似的属性，这里不再做介绍。与列表框控件的不同之处在于，组合框不能多选，它没有 SelectionMode 属性。下面介绍一下它的常用属性。

(1) DropDownStyle 属性：用于设置或获取组合框的样式，有三种取值，如表 8.7 所示。

表 8.7　DropDownStyle 属性取值及其含义

取　　值	含　　义
ComboBoxStyle. DropDown	下拉式组合框。文本部分可编辑。用户必须单击箭头按钮来显示列表部分
ComboBoxStyle. DropDownList	下拉式列表框。用户不能直接编辑文本部分。用户必须单击箭头按钮来显示列表部分
ComboBoxStyle. Simple	简单组合框。文本部分可编辑。列表部分总可见

(2) DataSource 属性：用于设置或获取组合框绑定的数据源。

(3) DisplayMember 属性：用于设置或获取组合框显示的属性。

(4) Items 属性：用于设置或获取组合框包含数据项的集合。

2. ComboBox 控件的常用方法

(1) SelectAll 方法：用于选择组合框中可以编辑部分的所有文本。

(2) GetItemText 方法：返回指定的数据项文本表示形式。

例 8.8 组合框控件的运用。创建一个 Windows 窗体应用程序，可以选择用户收货地址。设计界面如图 8.18 所示。

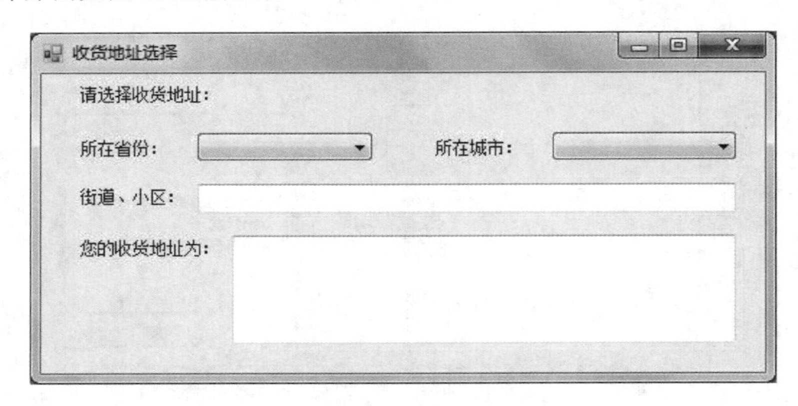

图 8.18 例 8.8 程序设计界面

具体实现步骤如下：

(1) 新建项目：创建 Windows 窗体应用程序，项目的名称为"t8-8"。

(2) 根据题目要求选中 Form1 窗体，设计程序界面。本例中控件对象的属性设置如表 8.8 所示。

表 8.8 例 8.8 控件对象属性设置

控件名称	属性名	属性值
Form1	Text	收货地址选择
label1	Text	请选择收货地址：
label2	Text	所在省份：
label3	Text	所在城市：
label4	Text	街道、小区：
label5	Text	您的收货地址为：
comboBox1	Name	cboProvice
	DropDownStyle	DropDownList
	Items	湖北 黑龙江 浙江
comboBox2	Name	cboCity
	DropDownStyle	DropDownList
textBox1	Name	txtStreet
textBox2	Name	txtAddress
button1	Name	btnOk

(3) 找到 Form1 窗体，添加 Form1 的 Load 事件，代码如下：

```
private void Form1_Load(object sender, EventArgs e)
{
    cboProvice .SelectedIndex=0;
}
```

(4) 找到 cboProvice“省份”组合框控件，添加 cboProvice 的 SelectedIndexChanged 事件，代码如下：

```
private void cboProvice_SelectedIndexChanged(object sender, EventArgs e)
{
    switch (cboProvice.SelectedIndex)
    {
        case 0:
            cboCity.Items.Clear();
            cboCity.Items.Add("武汉");
            cboCity.Items.Add("宜昌");
            cboCity.Items.Add("黄石");
            cboCity.SelectedIndex=0;
            break;
        case 1:
            cboCity.Items.Clear();
            cboCity.Items.Add("哈尔滨");
            cboCity.Items.Add("大庆");
            cboCity.Items.Add("齐齐哈尔");
            cboCity.SelectedIndex=0;
            break;
        case 2:
            cboCity.Items.Clear();
            cboCity.Items.Add("杭州");
            cboCity.Items.Add("芜湖");
            cboCity.Items.Add("义乌");
            cboCity.SelectedIndex=0;
            break;
        default:
            cboCity.Items.Clear();
            break;
    }
}
```

(5) 找到 btnOk“确定”按钮控件，添加 btnOk 的 Click 事件，代码如下：

```
private void btnOk_Click(object sender, EventArgs e)
{
    string address=cboProvice.SelectedItem.ToString()+"省,"
        +cboCity.SelectedItem.ToString()+"市,"
        +txtStreet.Text.ToString() ;
    this.txtAddress.Text=address;
}
```

(6) 运行程序,单击"调试"菜单下的"开始执行(不调试)"或者按快捷键 Ctrl+F5,结果如图 8.19 所示。

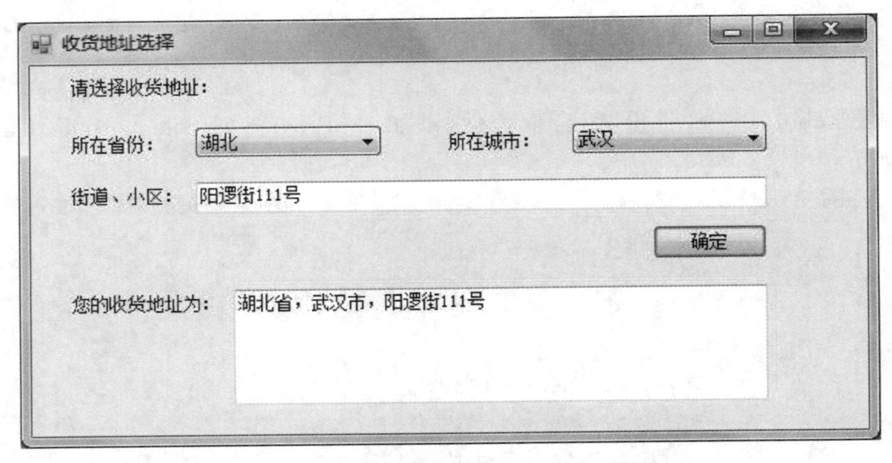

图 8.19 例 8.8 程序运行结果

8.5.3 ListView 控件

ListView 控件又称列表视图控件,它在工具箱中的图标为 ListView。它可以显示带有图标的数据项列表,可以显示大图标、小图标和数据。

1. ListView 控件的常用属性

(1) CheckBoxes 属性:用于设置或获取一个值,指示控件中各项的旁边是否显示复选框。

(2) CheckedItems 属性:用于获取控件中当前选中的项。

(3) CheckedIndices 属性:该属性代表选中项(处于选中状态或中间状态的那些项)索引的集合。

(4) FullRowSelect 属性:用于设置或获取一个值,指示单击某项是否选择其所有子项。

(5) Groups 属性:用于获取分配给控件的 ListViewGroup 对象的集合。

(6) SmallImageList 属性:当项在控件中显示为小图标时使用该属性,用于设置或获取 ImageList。

(7) View 属性:用于设置或获取数据项在控件中的显示方式,显示方式可以是大图标、小图标和数据三种。

2. ListView 控件的常用方法

(1) Clear 方法:用于从列表视图控件中清理掉所有项和列。

(2) Sort 方法:用于对列表视图的项进行排序。

8.6 PictureBox 控件的使用

PictureBox 控件又称为图片框控件,它在工具箱中的图标为 PictureBox,它用于设计图形和处理图像。图片框控件可以加载的图像文件格式有位图文件、图标文件、图元文件、JPEG 和 GIF 文件。

1. PictureBox 控件的常用属性

(1) Image 属性:用于设置或获取图片框控件要显示的图像。在图片框中加载图像通常采用以下三种方式。

● 通过设置 Image 属性加载图像，选中图片框控件，单击 Image 属性，在其后将出现...按钮，单击该按钮将出现一个“打开”对话框，在“打开”对话框中找到相应的图形文件后单击“确定”按钮。

● 产生一个 Bitmap 类的实例并赋值给 Image 属性。例如，产生一个 Bitmap 实例 p，将 p 显示在图片框 pictureBox1 中，代码如下：

```
Bitmap p=new Bitmap(图像文件名);
pictureBox1.Image=p;
```

● 通过 Image. FromFile 方法直接从文件中加载。例如在图片框 pictureBox1 中显示图片，代码如下：

```
pictureBox1.Image=Image.FromFile(图像文件名);
```

(2) ImageLocation 属性：用于设置或获取要在图片框控件中显示的图像的路径或 URL。

(3) SizeMode 属性：用于决定如何显示图像。该属性有四种取值，如表 8.9 所示。

表 8.9　SizeMode 属性的取值及其含义

取　　值	含　　义
PictureBoxSizeMode. AutoSize	调整图片框大小，使其等于所包含的图像大小
PictureBoxSizeMode. CenterImage	如果图片框比图像大，则图像将居中显示。如果图像比图片框大，则图片将居于图片框中心，而外边缘将被剪裁掉
PictureBoxSizeMode. Normal	图像被置于图片框的左上角。如果图像比包含它的 PictureBox 大，则该图像将被剪裁掉
PictureBoxSizeMode. StretchImage	图片框中的图像被拉伸或收缩，以适合图片框的大小

2. PictureBox 控件的常用方法

(1) Load 方法：用于在图片框控件中显示图像。

(2) LoadAsync 方法：用于异步加载图像。

例 8.9　图片框控件的运用。在应用程序的当前目录下有三个图像文件，文件名分别为 p1. jpg，p2. jpg 和 p3. jpg，创建一个 Windows 窗体应用程序用于显示这三幅照片，显示方法是当用户单击一次照片时，图片将自动切换到下一幅照片。设计界面如图 8.20 所示。

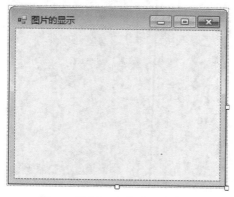

图 8.20　例 8.9 程序设计界面

具体实现步骤如下：

(1) 新建项目：创建 Windows 应用程序，项目的名称为“t8-9”。

(2) 根据题目要求选中 Form1 窗体，设计程序界面。在窗体上放置一个 pictureBox 控件，使它充满整个窗体。把图片框的 SizeMode 属性值设置为 StretchImage，使照片能够改变大小以适应图片框的大小。在 Form 类中定义一个成员变量 num，得到要显示的照片的序号。在图片框的单击事件中，应把 num 的值加 1，然后取它除以 3 的余数再加 1 作为下一个要显示的照片的序号。使用 Directory 类 GetCurrentDirectory()得到当前目录找到图像，然后再组合成需要的图像文件名，最后把相应的图像装载到图片框中。本例中控件对象的属性设置如表 8.10 所示。

表 8.10 例 8.9 控件对象的属性设置

控 件 名 称	属 性 名	属 性 值
Form1	Text	图片的显示
pictureBox1	Dock	Fill
	SizeMode	StretchImage

(3) 引入命名空间 System.IO，代码如下：

```
using System.IO;
```

(4) 在 Form1 类中增加一个成员变量 num，代码如下：

```
private int num=1;
```

(5) 找到 pictureBox1 图片框控件，添加 pictureBox1 的 Click 事件，代码如下：

```
private void pictureBox1_Click(object sender, EventArgs e)
{
        num=(num+1)%3+1;                //得到要显示的照片序号
        pictureBox1.Image=Image.FromFile(Directory.GetCurrentDirectory()
            +"\\tzy"+num+".jpg");       //显示照片
}
```

(6) 运行程序，单击“调试”菜单下的“开始执行(不调试)”或者按快捷键 Ctrl+F5，结果如图 8.21 所示。

图 8.21 例 8.9 程序运行结果

8.7 Timer 控件的使用

Timer 控件又称为计时器控件,它在工具箱中的图标为 Timer ,它的主要作用是定期执行一段命令,时间间隔的长度可以在 Interval 属性中定义,以毫秒为单位,需要执行的命令在 Tick 事件中定义。在程序运行时,计时器控件是不可见的。

1. Timer 控件的常用属性

(1) Enabled 属性:用于设置计时器是否正在运行。当取值为 true 时,计时器正在运行;取值为 false 时,计时器不在运行。

(2) Interval 属性:用于设置计时器多长时间触发一次 Tick 事件,时间间隔以毫秒为单位。如把它的值设置为 500,则将每隔 0.5 秒触发一次 Tick 事件。

2. Timer 控件的常用方法

(1) Start 方法:用于启动计时器。例如,启动 timer1 计时器,代码如下:

```
timer1.start();
```

(2) Stop 方法:用于停止计时器。例如,停止 timer1 计时器,代码如下:

```
timer1.stop();
```

3. Timer 控件的常用事件

Tick 事件:表示当计时器处于启动状态时,每隔 Interval 时间需要触发一次该事件。

例 8.10 计时器控件的运用。创建一个 Windows 窗体应用程序,使用计时器实现动态的进度条的功能。设计界面如图 8.22 所示。

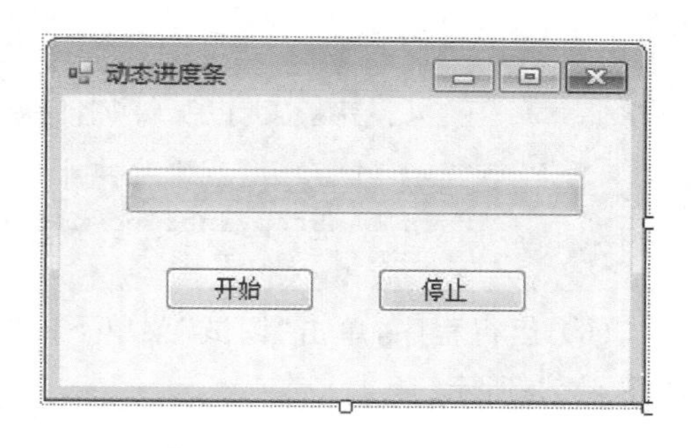

图 8.22 例 8.10 程序设计界面

具体实现步骤如下:

(1) 新建项目:创建 Windows 应用程序,项目的名称为“t8-9”。

(2) 根据题目要求选中 Form1 窗体,设计程序界面。在窗体上放置一个 progressBar 进度条控件、timer 计时器控件和两个 button 按钮。本例中控件对象的属性设置如表 8.11 所示。

表 8.11 例 8.10 控件对象的属性设置

控件名称	属性名	属性值
Form1	Text	动态进度条
progressBar1	Name	progressBar1
	Text	
button1	Name	btnStart
	Text	开始
button2	Name	btnStop
	Text	停止

(3) 找到 timer1 计时器控件，添加 timer1 的 Tick 事件，代码如下：

```
private void timer1_Tick(object sender, EventArgs e)
{
    this.progressBar1.Value++;
    if (this.progressBar1.Value==this.progressBar1.Maximum)
    {
        this.btnStop_Click(sender, e);
        MessageBox.Show(this.progressBar1.Maximum * 0.1+"seconds elapsed");
        this.progressBar1.Value=0;
    }
}
```

(4) 找到 btnStart 按钮控件，添加 btnStart 的 Click 事件，代码如下：

```
private void btnStart_Click(object sender, EventArgs e)
{
    this.timer1.Start();//计时开始
    this.btnStart.Enabled=false;
    this.btnStop.Enabled=true;
}
```

(5) 找到 btnStop 按钮控件，添加 btnStop 的 Click 事件，代码如下：

```
private void btnStop_Click(object sender, EventArgs e)
{
    this.timer1.Stop();//计时停止
    this.btnStart.Enabled=true;
    this.btnStop.Enabled=false;
}
```

(6) 运行程序，单击"调试"菜单下的"开始执行(不调试)"或者按快捷键 Ctrl+F5，结果如图 8.23 所示。

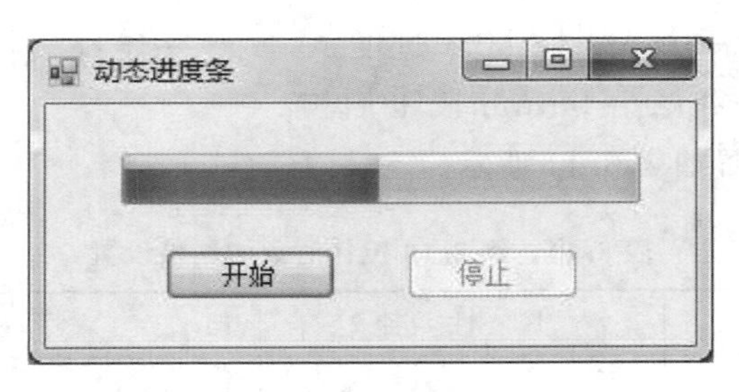

图 8.23　例 8.10 程序运行结果

8.8　综合实验

8.8.1　实验一

例 8.11　创建个人简历应用程序。创建一个 Windows 窗体应用程序，使用本章各种控件创建个人简历应用程序，可以通过文本框输入姓名，通过单选按钮设置性别，通过文本区域填写其他个人信息；通过文件对话框选择照片并在图片框中显示；通过下拉列表框来关联选择籍贯。设计界面如图 8.24 所示。

实现分析 该应用程序主要用到按钮、文本输入框、图片显示框、下拉列表框和列表框等控件。主要通过对窗体和各控件相应的事件处理进行编程，包括窗体的 Load、下拉框的 SelectedIndexChanged、按钮的 Click 事件。

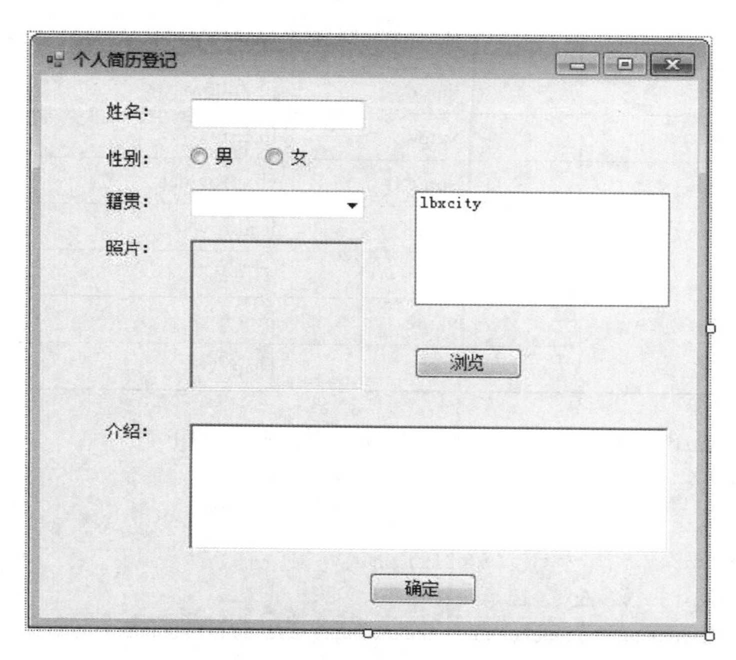

图 8.24 例 8.11 程序设计界面

具体实现步骤如下：

(1) 新建项目：创建 Windows 窗体应用程序，项目的名称为“t8-11”。

(2) 根据题目要求选中 Form1 窗体，设计程序界面。在窗体上放置 5 个 Label 标签控件、1 个 TextBox 文本框控件、2 个单选按钮控件、1 个组合框控件、1 个列表框控件、1 个图片框控件和 2 个 Button 按钮。本例中控件对象的属性设置如表 8.12 所示。

表 8.12 例 8.11 控件对象的属性设置

控件名称	属性名	属性值
Form1	Text	个人简历登记
label1	Text	姓名：
label2	Text	性别：
label3	Text	籍贯：
label4	Text	照片：
label5	Text	介绍：
textBox1	Name	txtname

续表

控件名称	属性名	属性值
radioButton1	Name	rbnmale
	Text	男
radioButton2	Name	rbnfemale
	Text	女
pictureBox1	Name	pbxphoto
listBox1	Name	lbxcity
comboBox1	Name	cbxprovince
button1	Name	btnbrowse
	Text	浏览
button2	Name	btnok
	Text	确定

（3）找到 From1 窗体，添加 From1 的 Load 事件，代码如下：

```
private void Form1_Load(object sender, EventArgs e)
{
    cbxprovince.Items.Add("湖北省");
    cbxprovince.Items.Add("江苏省");
    cbxprovince.SelectedIndex=0;
}
```

（4）找到 cbxprovince 组合框控件，添加 cbxprovince 的 SelectedIndexChanged 事件，代码如下：

```
private void cbxprovince_SelectedIndexChanged(object sender, EventArgs e)
{
    if (cbxprovince.SelectedItem !=null)
    {
        string provinceStr=cbxprovince.SelectedItem.ToString().Trim();
        string[] zjCitys={"武汉市","孝感市","黄石市","黄冈市","宜昌市","荆门市"};
        string[] jsCitys={ "常州市", "淮安市", "连云港市", "南京市", "南通市"};
        lbxcity.Items.Clear();                              //清空所有的 Item 项
        switch (provinceStr)
        {
            case "湖北省":
                lbxcity.Items.AddRange(zjCitys);            //添加湖北省的城市
                    break;
                case "江苏省":
                    lbxcity.Items.AddRange(jsCitys); //添加江苏省的城市
```

```
                    break;
                }
            }
        }
```

(5) 找到 btnbrowse 按钮控件，添加 btnbrowse 的 Click 事件，代码如下：

```
private void btnbrowse_Click(object sender, EventArgs e)
{
    OpenFileDialog imageDialog=new OpenFileDialog();
    imageDialog.Filter=
        "BMP(*.BMP)|*.BMP|JPEG(*.JPEG)|*.JPEG|GIF(*.GIF)|*.GIF ";
    imageDialog.Title="选择照片";
    if (imageDialog.ShowDialog()==DialogResult.OK)
    {
        pbxphoto.ImageLocation=imageDialog.FileName;
    }
}
```

(6) 找到 btnok 按钮控件，添加 btnok 的 Click 事件，代码如下：

```
private void btnok_Click(object sender, EventArgs e)
{
    if (txtname.Text=="" && txtname.Text.Length<1)
    {
        MessageBox.Show("请填写姓名!", "提示", MessageBoxButtons.OK,
              MessageBoxIcon.Information);
        return;
    }
    if (lbxcity.SelectedItem==null)
    {
        MessageBox.Show("请选择籍贯!", "提示", MessageBoxButtons.OK,
              MessageBoxIcon.Information);
        return;
    }
    MessageBox.Show("你的简历信息将会保存到数据库中,谢谢你的合作!", "提示",
          MessageBoxButtons.OK, MessageBoxIcon.Information);
    this.Close();
}
```

(7) 运行程序，单击“调试”菜单下的“开始执行(不调试)”或者按快捷键 Ctrl+F5，结果如图 8.25 所示。

8.8.2 实验二

例 8.12 创建一个计算器应用程序。创建一个 Windows 窗体应用程序，使用各种

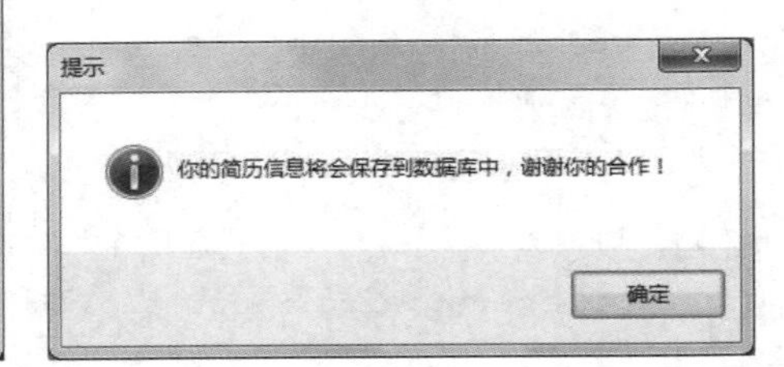

图 8.25　例 8.11 程序运行结果

图 8.26　例 8.12 程序设计界面

控件创建一个计算器应用程序，可以通过该计算器实现加减乘除功能，支持小数输入。设计界面如图 8.26 所示。

实现分析　该问题需要一个窗体，添加 0～9 数字按钮和 1 个小数点按钮，4 个数学运算符按钮、1 个清除按钮和 1 个等号（计算）按钮，1 个文本框，用来显示输入的数和计算结果。

具体实现步骤如下：

（1）新建项目：创建 Windows 应用程序，项目的名称为“t8-12”。

（2）根据题目要求选中 Form1 窗体，设计程序界面。在窗体上放置 17 个 Button 按钮控件和 1 个 TextBox 文本框控件。本例中控件对象的属性设置如表 8.13 所示。

表 8.13　例 8.12 控件对象的属性设置

控件名称	属性名	属性值
button1	Name	btn1
	Text	1
button2	Name	btn2
	Text	2
button3	Name	btn3
	Text	3
button4	Name	btn4
	Text	4

控件名称	属 性 名	属 性 值
button5	Name	btn5
	Text	5
button6	Name	btn6
	Text	6
button7	Name	btn7
	Text	7
button8	Name	btn8
	Text	8
button9	Name	btn9
	Text	9
button10	Name	btn0
	Text	0
button11	Name	btndot
	Text	.
button12	Name	btnC
	Text	C
button13	Name	btnadd
	Text	+
button14	Name	btnsub
	Text	—
button15	Name	btnmul
	Text	*
button16	Name	btndiv
	Text	/
button17	Name	btnequ
	Text	=

(3) 定义成员变量 sum,用来保存计算结果,定义 blnClear 保存是否输入第二个操作数,定义 strOper 保存计算的操作符。

```
double sum=0;
bool blnClear=false;
string strOper="+";
```

(4) 找到所有显示数字的按钮,给按钮添加 Click 单击事件,以按钮“0”为例,代码如下:

```
private void btn0_Click(object sender, EventArgs e)
{
    if (blnClear)//如果准备输入下一个加数,应先清除 textBox1 显示的内容
    {
        textBox1.Text="0";
        blnClear=false;
    }
    Button b1=(Button)sender;
    if (textBox1.Text!="0")
       textBox1.Text+=b1.Text;
    else
       textBox1.Text=b1.Text;
}
```

(5) 找到按钮“.”,给按钮添加 Click 单击事件,代码如下:

```
private void btndot_Click(object sender, EventArgs e)
{
    if (blnClear)           //如果准备输入下一个数,应先清除 textBox1 显示的内容
    {
        textBox1.Text="0";
        blnClear=false;
    }
    int n=textBox1.Text.IndexOf(".");
    if (n==-1)              //如果没有小数点,增加小数点,防止多次输入小数点
        textBox1.Text+=".";
}
```

(6) 找到按钮“+”“-”“*”“/”“=”,给这些按钮添加 Click 单击事件,代码如下:

```
private void btnadd_Click(object sender, EventArgs e)
{
    double dbSecond=Convert.ToDouble(textBox1.Text);
    if (!blnClear)                      //如果未输入第二个操作数,不运算
        switch (strOper)                //按记录的运算符号运算
        {
            case "+":
                sum+=dbSecond;
                break;
            case "-":
                sum-=dbSecond;
                break;
            case "*":
                sum*=dbSecond;
                break;
```

```
            case "/":
                sum /=dbSecond;
                break;
        }
    if (sender==btnadd)
        strOper="+";
    if (sender==btnsub)
        strOper="-";
    if (sender==btnmul)
        strOper="*";
    if (sender==btndiv)
        strOper="/";
    if (sender==btnequ)
        strOper="=";
    textBox1.Text=Convert.ToString(sum);
    blnClear=true;
}
```

（7）找到按钮“C”控件，添加按钮“C”的 Click 事件，代码如下：

```
private void btnc_Click(object sender, EventArgs e)
{
    textBox1.Text="0";
    sum=0;
    blnClear=false;
    strOper="+";
}
```

（8）运行程序，单击“调试”菜单下的“开始执行（不调试）”或者按快捷键 Ctrl+F5，结果如图 8.27 所示。

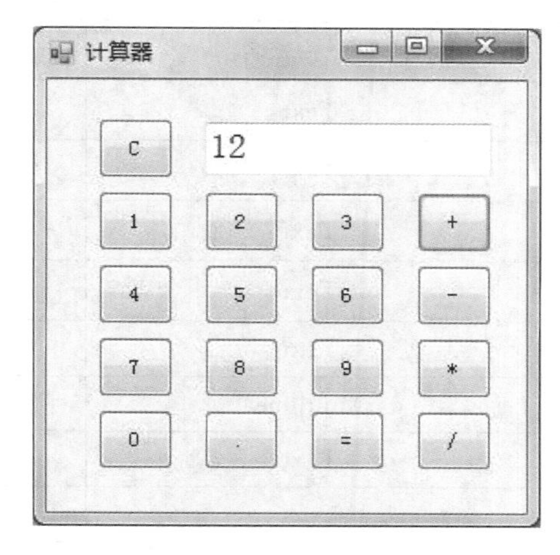

图 8.27　例 8.12 程序运行结果

8.8.3 实验三

例 8.13 创建可以修改文本格式的应用程序。创建一个 Windows 窗体应用程序，使用控件创建修改文本格式的应用程序，通过单选按钮设置文本的字体和字号，通过复选框选择文本的显示风格。设计界面如图 8.28 所示。

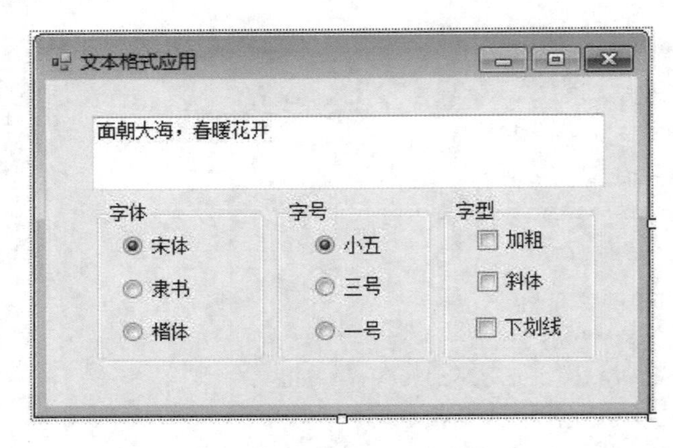

图 8.28 例 8.13 程序设计界面

实现分析 该应用程序主要用到单选按钮、复选框按钮、文本框和组合框等控件。主要通过各控件相应的事件处理进行编程，包括单选按钮的 Click 事件、复选框按钮的 CheckedChanged 事件。

具体实现步骤如下：

(1) 新建项目：创建 Windows 应用程序，项目的名称为“t8-13”。

(2) 根据题目要求选中 Form1 窗体，设计程序界面。在窗体上放置 1 个 TextBox 文本框控件、6 个单选按钮控件、3 个复选框控件和 3 个 GroupBox 分组框控件。本例中控件对象的属性设置如表 8.14 所示。

表 8.14 例 8.13 控件对象的属性设置

控件名称	属性名	属性值
Form1	Text	文本格式应用
groupBox1	Text	字体
groupBox2	Text	字号
groupBox3	Text	字型
textBox1	Text	面朝大海，春暖花开
	Multiline	true
radioButton1	Text	宋体
radioButton2	Text	隶书
radioButton3	Text	楷体
radioButton4	Text	小五

控件名称	属　性　名	属　性　值
radioButton5	Text	三号
radioButton6	Text	一号
checkBox1	Text	加粗
checkBox2	Text	斜体
checkBox3	Text	下划线

(3) 找到单选按钮控件,添加单选按钮的 Click 事件,代码如下:

```
private void radioButton1_Click(object sender, System.EventArgs e)
{
     textBox1.Font=new Font("宋体",textBox1.Font.Size,textBox1.Font.Style);
}
private void radioButton2_Click(object sender, System.EventArgs e)
{
    textBox1.Font=new Font("隶书",textBox1.Font.Size, textBox1.Font.Style);
}
private void radioButton3_Click(object sender, System.EventArgs e)
{
    textBox1.Font=new Font("楷体",textBox1.Font.Size, textBox1.Font.Style);
}
private void radioButton4_Click(object sender, System.EventArgs e)
{
    textBox1.Font=new Font(textBox1.Font.FontFamily,9,
      textBox1.Font.Style);
}
private void radioButton5_Click(object sender, System.EventArgs e)
{
    textBox1.Font=new Font(textBox1.Font.FontFamily, 15.75f, textBox1.Font.Style);
}
private void radioButton6_Click(object sender, System.EventArgs e)
{
    textBox1.Font=new Font(textBox1.Font.FontFamily, 26.25f, textBox1.Font.Style);
}
```

(4) 定义方法 changeTextStyle()判断复选框的选择情况,找到复选框控件,添加复选框的 CheckedChanged 事件,调用 changeTextStyle()方法,代码如下:

```
private void changeTextStyle()
{
    FontStyle fStyle=textBox1.Font.Style;
    if (checkBox1.Checked==true && checkBox3.Checked==true
    && checkBox3.Checked==true)
        fStyle=(FontStyle)(FontStyle.Bold | FontStyle.Italic
            FontStyle.Underline);
```

```
            else if (checkBox1.Checked==true && checkBox2.Checked)
                fStyle=(FontStyle)(FontStyle.Bold | FontStyle.Italic);
            else if (checkBox1.Checked==true && checkBox3.Checked)
                fStyle=(FontStyle)(FontStyle.Bold | FontStyle.Underline);
            else if (checkBox2.Checked==true && checkBox3.Checked)
                fStyle=(FontStyle)(FontStyle.Italic | FontStyle.Underline);
            else if (checkBox1.Checked==true)
                fStyle=(FontStyle)(FontStyle.Bold);
            else if (checkBox2.Checked==true)
                fStyle=(FontStyle)(FontStyle.Italic);
            else if (checkBox3.Checked==true)
                fStyle=(FontStyle)(FontStyle.Underline);
            else
                fStyle=FontStyle.Regular;
            textBox1.Font=new Font(textBox1.Font.FontFamily, textBox1.Font.Size,
    fStyle);
        }
        private void checkBox1_CheckedChanged(object sender, System.EventArgs e)
        {
            changeTextStyle();
        }
        private void checkBox2_CheckedChanged(object sender, System.EventArgs e)
        {
            changeTextStyle();
        }
        private void checkBox3_CheckedChanged(object sender, System.EventArgs e)
        {
            changeTextStyle();
        }
```

(5) 运行程序，单击“调试”菜单下的“开始执行(不调试)”或者按快捷键 Ctrl+F5，结果如图 8.29 所示。

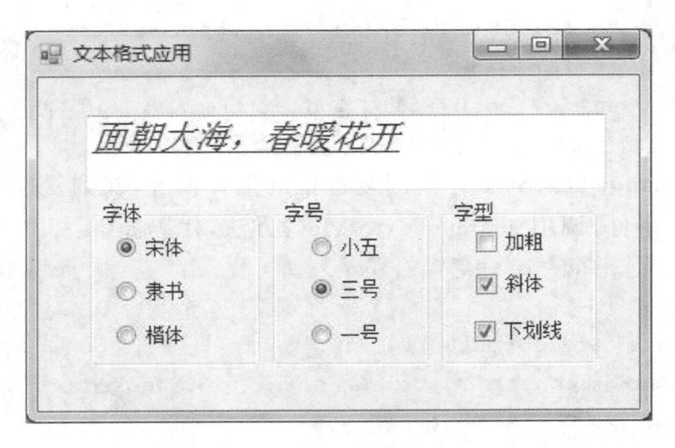

图 8.29　例 8.13 程序运行结果

小　　结

本章主要介绍了如何建立 Windows 应用程序，并讲述了使用 Windows Forms 常用控件、菜单和多文档界面设计等内容，其中对属性及事件的处理进行了重点介绍；同时通过实例，展示了用 Windows 窗体来编写程序的特点及技巧。

知　识　点	操　　作
开发 Windows 应用程序步骤	(1) 创建 Windows 应用程序； (2) 设计界面，添加控件； (3) 编写事件方法代码
Windows 窗体	窗体分为如下两种类型： (1) 普通窗体，也称为单文档窗体(SDI)。普通窗体又分为如下两种： ● 模式窗体。这类窗体在屏幕上显示后用户必须响应，只有在它关闭后才能操作其他窗体或程序。 ● 无模式窗体。这类窗体在屏幕上显示后用户可不必响应，可以随意切换到其他窗体或程序进行操作。通常情况下，当建立新的窗体时，都默认设置为无模式窗体。 (2) MDI 父窗体，即多文档窗体，其中可以放置普通子窗体
MDI 窗体	创建 MDI 程序包括两个步骤：设置父窗体和设置子窗体
文本类控件的使用	文本类控件用来显示或设置文本信息，在 C# 中主要的文本控件有 Label、TextBox、RichTextBox 等控件
按钮类控件的使用	Button 按钮控件、RadioButton 单选按钮控件、CheckBox 复选框控件
列表类控件的使用	列表类控件通常用于选择一组给定的选项中的一个或多个选项，主要包括 ListBox 控件、ComboBox 控件和 ListView 控件三个列表类控件
PictureBox 控件的使用	PictureBox 控件又称为图片框控件，它在工具箱中的图标为 PictureBox，它用于设计图形和处理图像
Timer 控件的使用	Timer 控件又称为计时器控件，它在工具箱中的图标为 Timer，它的主要作用是定期执行一段命令

课 后 练 习

一、选择题

1. 要使窗体在运行时，显示在屏幕的中央，应设置窗体的________属性。

A. WindowState　　B. StartPosition　　C. CenterScreen　　D. CenterParent

2. 在 C# 程序中，文本框控件的________属性用来设置其是否是只读的。

A. ReadOnly　　B. Locked　　C. Lock　　D. Style

3. 要使文本框控件能够显示多行且能自动换行，应设置它的________属性。

A. MaxLength 和 Multiline　　B. Multiline 和 WordWrap

C. PasswordChar 和 Multiline　　D. MaxLength 和 WordWrap

4. 在使用 RichTextBox 控件进行文档编辑时，如果希望知道文档自上次设置该控件的内容后，文本框中的内容是否改变，可使用它的________属性。

A. Modified　　B. SelectedText　　C. Undo　　D. SaveFile

5. 当用户单击窗体上的命令按钮时，会引发命令按钮的________事件。

A. Click　　B. Leave　　C. Move　　D. Enter

6. 在 Windows 应用程序中，如果复选框控件的 Checked 属性值设置为 true，表示________。

A. 该复选框被选中　　B. 该复选框不被选中

C. 不显示该复选框的文本信息　　D. 显示该复选框的文本信息

7. 在 Windows 应用程序中，可以通过以下________方法使一个窗体成为 MDI 窗体。

A. 改变窗体的标题信息　　B. 在工程的选项中设置其为启动窗体

C. 设置窗体的 IsMdiContainer 属性为 true　　D. 设置窗体的 ImeMode 属性

8. 在 Windows 应用程序中，若要让窗体 MyForm 显示为对话框模式窗体，必须________。

A. 使用 MyForm. ShowDialog()方法显示对话框

B. 将 MyForm 对象的 isDialog 属性设置为 true

C. 将 MyForm 对象的 FormBorderStyle 属性设置为 FixedDialog

D. 使用 MyForm. Show ()方法显示对话框

9. 决定 Label 控件是否可见的属性是________。

A. Hide　　B. Show　　C. Visible　　D. Enabled

10. 把 TextBox 控件的________属性设为 true，可使其在运行时接受或显示多行文本。

A. WordWrap　　B. Multiline　　C. ScrollBars　　D. ShowMultiline

11. 利用文本框的________属性，可以实现密码框的功能。

A. Password　　B. Passwords　　C. PasswordChar　　D. PasswordChars

12. 在 Windows 应用程序中，最常用的输入控件是________。

A. Label　　B. TextBox　　C. Button　　D. PictureBox

13. PictureBox 控件的________属性可以影响图像的大小及位置关系。

A. Size　　B. SizeMode　　C. Mode　　D. PictureMode

14. 下列属性中，RadioButton 和 CheckBox 控件都具有的是________属性。

A. ThreeState　　B. BorderStyle　　C. Checked　　D. CheckState

15. 每当用户加载窗体时，________事件就会触发。

A. Load　　B. Activated　　C. Resize　　D. Close

16. 通过设置命令按钮的________属性为 false，可以使命令按钮不可用(变灰)。

A. Visible　　B. Enabled　　C. Text　　D. ForeColor

二、填空题

1. 如果 TextBox 控件中显示的文本发生了变化，将会发生________ 事件。

2. 当复选框能够显示三种状态时，可通过它的__________属性来设置或返回复选框的状态。

3. 在允许 ListBox 控件多选的情况下，可使用它的__________属性来访问选中的列表项。

4. 要使 PictureBox 中显示的图片刚好填满整个图片框，应把它的___________属性值设置为 StretchImage。

5. C# 中所有的类都继承________类，所有的窗体都继承________类。

第9章 面向对象的程序设计

到目前为止，我们已经学习了C#语言的基本语法，包括变量、数据类型、分支语句和循环语句等；但还没有介绍如何把这些内容组合在一起，构成一个完整的程序，其关键就在于对类和对象的理解。本章主要介绍面向对象程序设计的基础语法，其中包括面向对象中的各种基本概念的学习、类和对象的使用等。

本章要点

- 面向对象的基本概念
- 类的定义与对象的定义
- 构造函数和析构函数
- 类的静态成员和实例成员
- 字段和属性的实现
- 方法重载的编程实现
- 类的继承与多态性的编程实现

9.1 面向对象程序设计概述

9.1.1 面向过程与面向对象

程序设计语言的发展经历了三个阶段：机器语言、汇编语言和高级语言。机器语言是由二进制0和1代码指令构成的。使用0和1进行编程，其难度可想而知。机器语言程序编写困难，修改困难，维护起来也相当困难。汇编语言的出现稍微缓解了这种困难，它使用字母符号取代了0和1，但汇编语言仍然是一门难学难用的编程语言。但是汇编语言也有自己的优势：因为它与机器语言十分接近，所以可以直接访问系统的接口，它翻译成机器语言的速度非常快，效率非常高，这就使得它编写的程序运行速度会很快。

高级语言是一种更接近人类自然语言的编程语言。接近自然语言，使得它更容易学习，同时它还有很好的通用性和可移植性。高级语言又分为两种，一种是面向过程的语言，另一种是面向对象的语言。非常著名的C语言就是高级语言中典型的面向过程的程序设计语言。

面向过程的程序设计的基本策略是自顶向下，把大的任务划分成许多小的模块，每个模块由过程来实现，每个过程都是基于某种特定的算法，逐步细化模块化的开发方法。这种设计思想的优点是结构清晰，功能明确。但随着程序规模的不断扩大，这种程序设计模式逐渐暴露出许多问题：程序开发的周期延长，软件开发后维护成本高，代码的可重用性差。

这个时候，就出现了面向对象的程序设计(object oriented programming，OOP)。面向对象程序设计是一种基于结构分析的、以数据为中心的程序设计方法。随之出现了许多面向对象的程序设计语言，如C++、Java、C#等。Visual Studio.NET中的编程工具均是面向对象的程序设计且具有可视化编程的工具。

9.1.2 面向对象程序设计的基本概念

面向对象程序设计的主要思想是:将数据及处理这些数据的各种操作都封装在类中。如果需要使用类的时候,就通过类创建对象。对象可以调用类中的数据和操作。使用这种方法编程,程序员不需要关注“如何实现”某些功能,而是重点关注“实现什么”功能。面向对象的编程思想与现实世界中思考问题的方式相似,更容易被人理解。面向对象程序设计中出现了一些全新的概念,主要有类、对象、属性、方法等。下面将介绍这些概念的含义。

1. 类和对象

在现实世界中,我们通常把具有共同特征的事物抽象成一类,例如,“人类”“学生”“苹果”等。

在面向对象程序设计中,“类”就是具有同样属性和功能的东西所构成的集合。在C#语言中,也可以把具有相同内部存储结构和相同一组操作的对象看成是同一类。

在现实世界中,每个具有明确意义和边界的事物都可以被当作一个对象,例如一个叫张三的人,一个学号为01号的学生,一个被咬了一口的苹果。这些“看得到,摸得到”,具有实际意义的事物就是对象。

在面向对象程序设计中,当我们已经定义好了类,需要使用它时,就可以通过它来创造出“对象”。可以把类看成是对象的模板,把对象看成是类的实例。

在C#程序中,类与对象的关系就类似于整数类型int与整型变量的关系。类和整数类型int代表的是抽象的概念,对象和整型变量代表的是具体的实例。

每个对象都有一个名字,并且具有类中定义的所有的属性和行为。类与实例举例如表9.1所示。

表9.1 类与实例举例

数据类型	实例
字符串类型 String	s1,s2(变量)
整数类型 int	i,k(变量)
人类	张三,李四(对象)
学生类	01号学生(对象)
苹果	被咬了一口的苹果(对象)

2. 属性

属性是对象的状态和特点。例如,学生有学号和姓名等属性,苹果有品种和价格等属性。

3. 方法

方法是对象具有的行为动作、能够执行的操作,它体现了对象的功能。例如,学生具有上学、考试的行为。

4. 事件

事件是类的成员,在发生某些行为时,对象能够识别和响应的某些操作。在大多数情况下,事件是由用户的操作引起的,例如程序中有个按钮对象,用户单击这个按钮对象就发生了该按钮的单击(Click)事件。用户针对特定的事件可以编写响应代码,当一个事件发生时,将调用相应的响应代码。

9.1.3 面向对象的基本特征

面向对象的基本特征是封装、继承和多态性。

1. 封装

所谓封装,类似于黑盒子。对于黑盒子来说,我们不需要懂得它的内部构造和它是如何工作的也可以直接使用。例如,洗衣机的构造很复杂,但是这并不妨碍我们使用它,我们使用时,只需要知道几个基本的操作按钮就够了。至于它是如何加水、如何洗衣、如何甩干的,这些工作原理我们是不需要考虑的。

在面向对象程序设计中,将数据和操作组装在一起,就形成了一个类。在这个过程中,我们尽量隐藏对象的内部细节,只留下少量的可以与外界联系的接口,这就是对象的封装性。类是对客观事物的一种抽象。不管是张三还是李四,只要是学生都拥有姓名、性别、学号、成绩等相同的属性(数据),都可以上学、选课、考试,因此可以从张三和李四的身上抽象出学生类。

封装可以使设计者与使用者分开,使用者不用了解每个类的内部的具体细节,只需要了解设计者提供的接口,通过这些接口来访问对象。这样使操作变得更加简单,数据也更加安全。

2. 继承

在使用面向对象程序设计编程时,程序是由一个一个类组成的。类之间可能存在关系,可能是相互访问的关系,也可能存在继承的关系。当一个特殊类继承了原来一般类所有的属性和操作,并且增加了属于自己的新属性和新操作,那么称这个特殊类为子类或派生类,原来的一般类称为父类或基类。父类和子类之间存在着继承关系。

如图 9.1 所示,创建了一个人类,它定义了人类的一般属性(如身份证号、姓名、性别等)和操作方法(如吃饭、睡觉等)。从这个已有的类可以通过继承的方法派生出新的子类,学生、班主任、教师等,它们都是人类的更具体的类,每个具体的类还可以增加自己一些特有的东西,例如学生类可以有属性学号、所在班级等。子类继承父类所有的属性和操作,父类中所有的属性和操作在子类中就不需要重新描述了。一个父类可以有任意多个子类,一个子类还可以派生出它自己的子类,例如,图 9.1 中,学生类是人类的子类,它又派生了小学生、中学生和大学生三个子类。在 C# 语言中只支持单继承,即一个子类只能有一个父类。

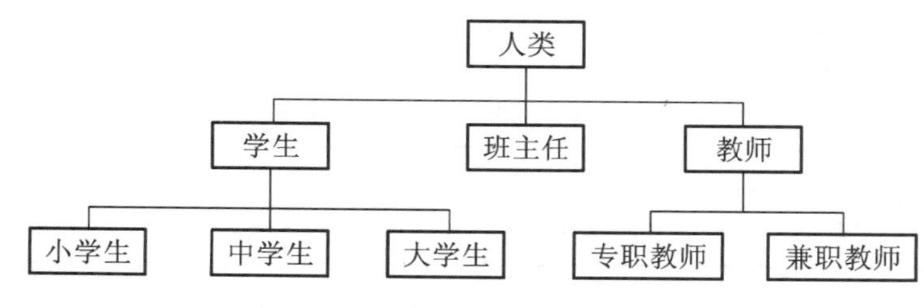

图 9.1 人类的继承关系

3. 多态性

多态按照字面理解就是多种形态、多种状态的意思。在面向对象程序设计中,多态指的是对于同一类型的不同对象执行相同的操作，产生了不同的执行结果。

例如，当听到上课铃声时，有的同学已经坐在位置上准备就绪，有的同学还在交头接耳，有的同学干脆还没有进入教室。这就是不同的对象接收到同一种消息，产生了不同的反应。

9.2 类和对象的定义

通过前面的学习我们知道，对象是面向对象语言的核心，在面向对象编程的世界里，“万事万物皆对象”。数据和操作会被封装在类里面，这是面向对象的基本要求。那么，在使用C#编程时，我们首先应该定义类，再根据类生成一个个对象。Visual C#.NET的程序一般是由若干个对象组成的。类的成员主要包括数据成员（常量、域、事件）和函数成员（方法、属性、索引器、操作符、构造函数和析构函数等）。

9.2.1 类的定义

定义类使用关键字class，一般格式如下：

```
[修饰符] class 类名[:父类]
{
    类成员列表;
}
```

说明：(1) C#支持的类修饰符有new、public、protected、internal、private、abstract和sealed，其用法如表9.2所示。

表9.2 类允许的修饰符用法

修 饰 符	用 法
public	公有类，表示不限制对类的访问
protected	保护类，表示该类只能被这个类的成员或子类成员访问
private	私有类，表示该类只能被这个类的成员访问
internal	内部类，表示该类能够在程序集中访问，而不能在程序集之外被调用
new	新建类，只允许用在嵌套类中，它表示所修饰的类会隐藏由父类中继承下来的同名成员
abstract	抽象类，表示该类是一个不完整的类，该类含有抽象成员，只有定义而没有具体的实现，因此不能被实例化，只能用作父类，不能单独使用
sealed	密封类，表示该类不能做其他类的父类，不能从这个类再派生出其他类。显然，密封类不能同时为抽象类

(2) 类名：表示定义的类的名字，需要符合C#标识符的命名规则。

(3) [:父类]：可选项，用来定义该类的父类，如果该类没有继承其他类，则可以省略该选项，默认继承于System.Object类。

(4) 类成员列表：构成类的主题，定义该类包含的数据和行为，如属性、方法、事件等。

例如:定义一个 Person 类。

```
class Person
{
    public int id;
    public string name;
    public void ShowName()
    {
        Console.WriteLine(name);
    }
}
```

说明:定义了 Person 类,该类具有成员变量 id,name;定义了一个方法,可以显示 name 的值。

例 9.1 定义一个 Teacher 类,并对教师类的信息和功能进行描述。教师具有教师编号、教师姓名、性别、所在系部,并且具有设置教师信息和显示教师信息的功能。

实现分析 教师的编号可在类中定义成整型成员变量,姓名、所在系部可在类中定义为字符串型成员变量,性别可在类中定义为字符型成员变量。设置教师信息和显示教师信息的功能可用方法来实现,方法也可以作为类的一个成员。

具体实现步骤如下:

(1) 新建一个项目 t9-1 项目模板:控制台应用程序。

(2) 添加如下代码:

```
public class Teacher
{
        private int id;
        private string name;
        private char sex;
        private string dept;
        public Teacher(int i, string na, char s, string d)
        {
                id=i;
                name=na;
                sex=s;
                dept=d;
        }
        public void Show()
        {
                Console.WriteLine("教师编号:{0}    教师姓名:{1}", id, name);
                Console.WriteLine("性别:{0}    所在系部:{1}", sex, dept);
        }
}
```

注意：该程序不能运行，因为没有 Main()方法。

在定义类时可以直接给成员变量赋初值。例如：

```
public class Teacher
{
    private int id=111;
    private string name="教师 1";
    private char sex='男';
    private string dept='计算机与信息工程系';
}
```

9.2.2 对象的定义

定义了类之后，就可以通过类创建该类的对象，创建类的对象需要使用 new 关键字。类的对象相当于一个引用类型变量。创建对象的格式如下：

类名 实例名＝new 类名([参数])；

说明：(1) new 关键字通过调用类的构造函数来完成实例的初始化工作。根据例 9.1，创建 Teacher 类的对象：

```
Teacher tt=new Teacher(101,"丁一",'男',"计信系");
```

(2) 创建对象也可以分成两步来完成：先定义实例变量，然后用 new 关键字创建对象。如：

类名　实例名；　//定义类的实例变量

实例名=new 类名([参数])；　//创建类的实例

上述代码也可以写成：

```
Teacher tt;
tt=new Teacher(101,"丁一",'男',"计信系");
```

9.2.3 类的成员

1. 类成员的分类

(1) 常量是一种符号常量，必须在声明时进行初始化，程序运行阶段不能对其值进行修改。声明格式如下：

[访问修饰符] const 数据类型 常量名＝数值；

例如：

```
class Circle
{
      const double PI=3.1415;
}
```

(2) 字段:类中声明的变量,用于保存类或者对象的数据。声明格式如下:

[访问修饰符] 数据类型 字段名[=数值];

声明字段时,可以给字段指定一个初值,也可以不指定初值。例如:

```
class Circle
{
    const double PI=3.1415;
    private double r;
}
```

说明:增加了字段 r,用来表示圆的半径。

(3) 属性。在编程中,我们通常把字段定义成 private 类型,这样字段将不允许外界访问。如果我们需要访问这个字段,可以使用属性。属性对想要访问的字段提供了读、写操作。

(4) 方法。类或者对象可通过方法完成类中各种计算或操作。

(5) 事件:由类产生的通知,用于说明发生了什么事情。

(6) 构造函数:主要的作用就是当我们要创建对象时,调用构造函数完成对象初始化操作。在类被实例化时,首先执行的函数就是构造函数。

(7) 析构函数:对象要被销毁之前最后执行的函数,主要是完成对象结束时的收尾操作。

2. 类成员的可访问性

在编写程序时,我们常常需要根据类成员的不同需求,限制其可访问性。这个时候,我们可以对类的成员使用不同的访问修饰符,从而定义它们的访问级别,即类成员的可访问性(accessibility)。为不同的类成员设计可访问性,可以使程序既保持其良好的可扩展性,同时也具有可靠的保密性和安全性。

在 C# 中,对类中的成员有五种访问权限,提供了访问修饰符以控制类成员的可访问性。

- public:公有成员,C# 中的公有成员可以被所有成员访问。这是限制最少的一种访问方式。
- protected:保护成员,有时成员希望可以被其子类访问,但对于外界是限制访问的,这时可以使用 protected 修饰符定义成员为保护成员。它不允许外界对成员访问,但是允许其子类对成员进行访问。
- internal:内部成员,是一种特殊的成员,它的访问权限对于同一个项目的成员是开放的,而对于其他项目的成员是禁止访问的。
- protected internal:它与内部成员的区别是访问权限中多了一个继承子类,也就是说,使用了这种访问类型的成员只可以被同一个项目的代码或其子类访问。
- private:私有成员,只可以被本类中的成员访问,本类以外的任何成员访问都是不合法的。

如果在定义中没有出现类成员的访问修饰符,则默认为私有成员。

在 test 解决方案中创建了两个项目 project1 和 project2，在 project1 项目中定义了三个类 A、B 和 C，在 A 类中定义了 public 成员 a1、protected 成员 a2、internal 成员 a3、protected internal 成员 a4 和 private 成员 a5，B 类是 A 类的子类；在 project2 项目中定义了两个类 D 和 E，其中 D 类是 A 类的子类。它们之间的访问权限，如图 9.2 所示。

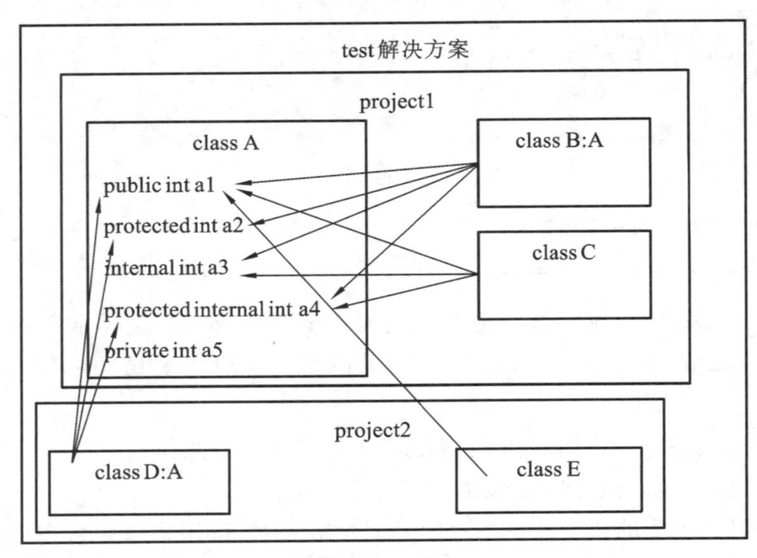

图 9.2　类成员的可访问性

9.3　构造函数和析构函数

每个对象都有两个重要的阶段：构造阶段和析构阶段。每个函数从最开始的构造阶段，到“正在使用”，最后到析构阶段，这构成了对象明确的生命周期。

构造阶段：就是创建实例（也就是对象）阶段。这个阶段会对创建的对象进行初始化，由构造函数完成。

析构阶段：从内存中释放一个实例，也就是删除一个对象。删除对象前，需要执行一些清理工作，例如，释放内存，这由析构函数完成。

在 C# 的类中，构造函数和析构函数是两个特殊的函数。构造函数是在创建实例时首先执行的函数，析构函数是销毁实例前最后执行的函数。这两个函数的执行不需要任何条件，系统会自动在创建对象时调用构造函数，在销毁对象时调用析构函数，不需要我们再编写代码调用。

9.3.1　构造函数

构造函数的主要功能是完成对象的初始化操作。在 C# 中，类的构造函数特点如下。

（1）构造函数是一种特殊的成员函数，它的函数名和类名相同。

（2）构造函数没有返回值，void 也不能写。

（3）构造函数通常使用 public 作为访问修饰符。如果使用 private 作为访问修饰符，会使得创建对象时无法调用构造函数，这将造成类无法创建对象，这种情况通常用于只含有静态成员的类中（静态成员不用创建对象，可直接通过类调用）。

(4) 如果我们在定义某个类时未定义构造函数，系统将自动为这个类创建构造函数，这种构造函数称为默认构造函数。例如，上节中 Circle 类的默认构造函数为：

```
public Circle()
{
}
```

(5) 在设计构造函数时，可以带参数，也可以不带参数。创建对象调用构造函数时，对于带参数的构造函数，需要根据构造函数定义的参数列表传递实际参数，并且参数个数要相等，类型要一一对应。如果是不带参数的构造函数，则在调用构造函数时，“()”为空即可。

9.3.2 析构函数

析构函数在销毁对象时调用，常用来销毁对象前执行一些清理工作，例如，释放对象占用的存储空间等。在 C# 中，类的析构函数特点如下。

(1) 析构函数不能有参数，没有返回值类型。

(2) 析构函数没有访问修饰符。

(3) 析构函数不能被继承，也不能被重载。

(4) 一个类只能有一个析构函数。当销毁对象时，析构函数自动被调用，不能显式地调用析构函数。

(5) 析构函数的名字与类名相同，只是在类名前加上一个“～”号，用来与构造函数区别。如 Circle 类的析构函数为：

```
~Circle()
{
}
```

(6) 析构函数在对象销毁时自动调用。

例 9.2 编写一个程序演示如何定义类的构造函数和析构函数，观察并分析代码的执行结果。要求编写为控制台应用程序。

实现分析 定义了 Teacher 类具有成员变量 id 和 name。定义 Teacher 类的构造函数 Teacher()和 Teacher(int i,string na)，定义 Teacher 类的析构函数～Teacher()。

具体实现步骤如下：

(1) 新建一个项目 t9-2 项目模板：控制台应用程序。

(2) 添加如下代码：

```
using System;
using System.Collections.Generic;
using System.Linq;
using System.Text;
namespace t9_2
{
    public class Teacher
    {
        public int id;
        public string name;
```

```
        public Teacher()
        {
            id=0;
            name=null;
        }
        public Teacher(int i, string na)
        {
            id=i;
            name=na;
        }
        ~Teacher()
        { }
    }
    class Program
    {
        static void Main(string[] args)
        {
            Teacher t1=new Teacher();
            Console.WriteLine("id={0}name={0}",t1.id,t1.name);
            Teacher t2=new Teacher(101,"pan");
            Console.WriteLine("id={0} name={0}", t2.id, t2.name);
        }
    }
}
```

（3）运行程序，单击“调试”菜单下的“开始执行（不调试）”或者按快捷键 Ctrl＋F5，结果如图 9.3 所示。

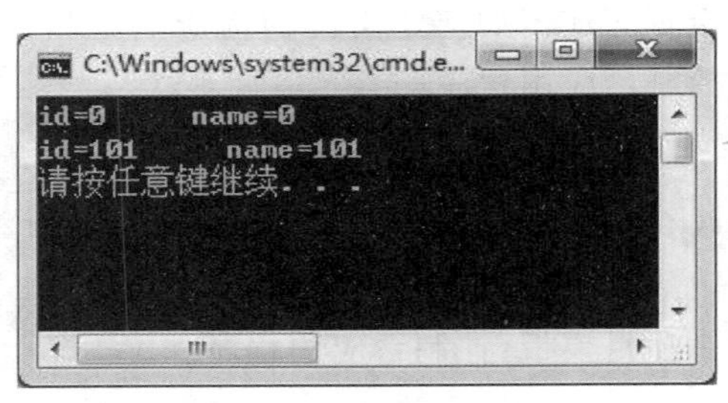

图 9.3　例 9.2 程序运行结果

9.4　类的方法

方法是表现对象或者类的行为的函数，需要先定义后使用。在 C# 中，方法必须放在类中定义，否则将无法编译。

9.4.1　方法的定义与调用

方法定义格式如下：

```
[方法修饰符] 返回类型 方法名([形式参数列表])
{
    方法实现部分;
}
```

说明:(1) 方法修饰符——可选项,包括 public,protected,internal,private,sealed,static,virtual,override,abstract 和 extern。

(2) 使用修饰符 static 的方法叫作静态方法,静态方法只能访问类中的静态成员,没有修饰符 static 的方法是实例方法,可以访问类中任意成员。静态方法归定义它的类所有,而非静态方法归该类创建的实例所有。

(3) 使用修饰符 virtual 的方法叫作虚方法。虚方法的实现过程可以在继承该类的子类中重写,这种对虚方法的重写使用重载来实现。未使用修饰符 virtual 的方法,无论是被用该类的对象调用,还是被继承这个类的子类的对象调用,方法的执行方式不变。

(4) 返回类型——指定了方法的返回值的数据类型,如果方法无返回值,则返回值类型就是 void。

(5) 形式参数列表——可选项,如果定义参数则表示是有参方法,如果没有定义参数则是无参方法。C# 方法的参数有四种:值参数、引用参数、输出参数和参数数组。

(6) Main 方法——程序的入口点,是静态方法,有且只有一个,主程序在运行时,执行 Main 方法中的语句。

9.4.2 方法的重载

方法重载是指同一个方法名有多种不同的实现方法。具体来讲,在同一个类中有两个或多个名字相同的方法,这些名字相同的方法的参数类型、个数或者顺序不同。对于重载方法的返回值类型没有特殊要求,可以相同,也可以不同。

例 9.3 编写一个程序演示参数类型不同的方法重载,观察并分析代码的执行结果。要求编写为控制台应用程序。

实现分析 本例在类 Program 中定义的方法 Max 有两种重载形式,通过参数的类型相互区别。在调用时根据参数的类型不同,系统会自动调用与参数个数匹配的方法。

具体实现步骤如下:

(1) 新建一个项目 t9-3 项目模板:控制台应用程序。

(2) 添加如下代码:

```
using System;
using System.Collections.Generic;
using System.Linq;
using System.Text;
namespace t9_3
{
    class Program
    {
        public int Max(int a,int b)
```

```
            {
                return a>b ? a : b;
            }
            public double  Max(double  a, double  b)
            {
                return a>b ? a : b;
            }
            static void Main(string[] args)
            {
                Program p=new Program();
                int c=p.Max(1,2);
                Console.WriteLine("两个 int 型数中较大的一个是:{0}",c);
                double d=p.Max(1.2,5.6);
                Console.WriteLine("两个 double 型数中较大的一个是:{0}", d);
            }
        }
    }
```

（3）运行程序，单击“调试”菜单下的“开始执行（不调试）”或者按快捷键 Ctrl＋F5，结果如图 9.4 所示。

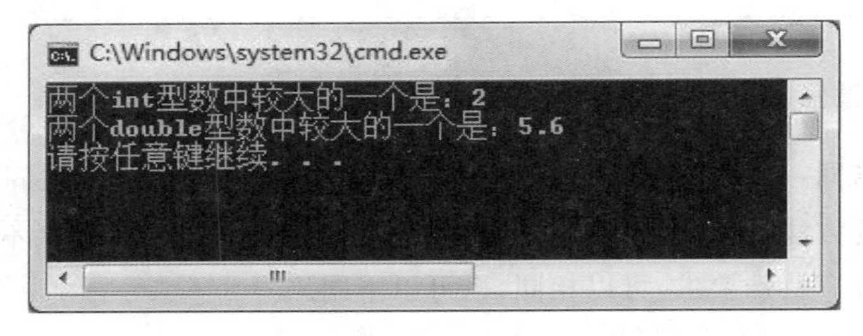

图 9.4　例 9.3 程序运行结果

例 9.4　编写一个程序演示参数个数不同的方法重载，观察并分析代码的执行结果。要求编写为控制台应用程序。

实现分析　本例在类 Program 中定义的方法 Max 有两种重载形式，通过参数的个数相互区别。在调用时根据参数的个数不同，系统会自动调用与参数个数匹配的方法。

具体实现步骤如下：

（1）新建一个项目 t9-4 项目模板：控制台应用程序。

（2）添加如下代码：

```
using System;
using System.Collections.Generic;
using System.Linq;
using System.Text;
namespace t9_4
{
    class Program
```

```
    {
        public int Max(int a,int b)
        {
            return a>b ?a:b;
        }
        public int  Max(int  a)
        {
            return a>100? a:100;
        }
        static void Main(string[] args)
        {
            Program p=new Program();
            int c=p.Max(1, 2);
            Console.WriteLine("两个 int 型数中较大的一个是:{0}", c);
            int d=p.Max(120);
            Console.WriteLine("较大的一个是:{0}", d);
        }
    }
}
```

(3) 运行程序,单击"调试"菜单下的"开始执行(不调试)"或者按快捷键 Ctrl+F5,结果如图 9.5 所示。

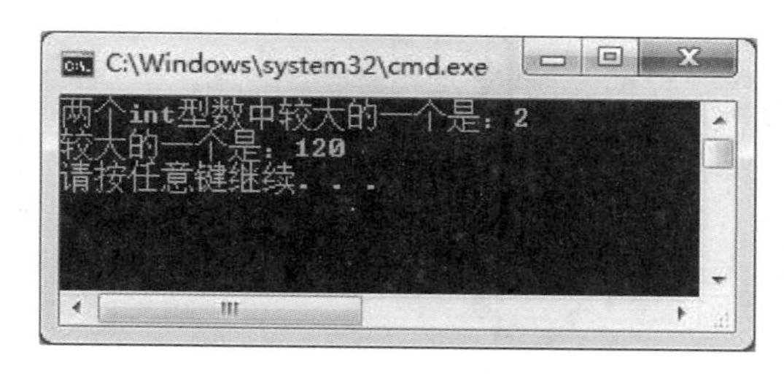

图 9.5　例 9.4 程序运行结果

9.5　static 关键字

在类中定义的属性、方法和字段等成员在默认情况下属于类的对象所有。每当创建一个对象时,这些成员就会被创建一次,叫作实例成员。但在实际编程中,有些成员应该归这个类所创建的所有对象共同所有,如果还是使用实例成员的话,堆内存中就会出现很多相同内容的,这样对于内存是一种浪费。

为了解决这个问题,我们可以将成员定义成静态的。使用 static 修饰符定义的成员就是静态成员。静态成员归整个类所共有,该类所创建的所有对象共享同一个静态成员,无论该类有多少对象,一个静态成员只占用内存的一块区域。

9.5.1　静态类

使用了 static 修饰符定义的类是静态类。如果定义的类只包含静态成员,且不能用于实例化对象,我们就可以把它定义成静态类。注意,静态类只能包含静态成员,不能实例化对象。由于静态类无法创建对象,所以静态类不需要有实例构造函数。但静态类可以有一个静态构造函数。

9.5.2 静态方法和非静态方法

使用了 static 修饰符定义的方法是静态方法。下面总结一下静态方法和非静态方法的区别。

(1) 静态方法归类所有,是所有对象的公用方法,只能通过类名调用;非静态方法归该类定义的对象所有。

(2) 静态方法不能访问类的非静态成员,只能访问类的静态成员;非静态方法可以访问类中所有成员和方法。

例 9.5 编写一个程序演示静态方法和非静态方法的使用,观察并分析代码的执行结果。要求编写为控制台应用程序。

实现分析 本例在类 Program 中定义的成员变量 id 和静态成员变量 count,构造方法 Person(int i),定义静态方法 AddPerson()和非静态方法 show(),通过在主函数中调用方法,来演示方法的使用。

具体实现步骤如下:

(1) 新建一个项目 t9-5 项目模板:控制台应用程序。

(2) 添加如下代码:

```
using System;
using System.Collections.Generic;
using System.Linq;
using System.Text;
namespace t9_5
{
    class Person
    {
        public int id;
        public static int count;
        public Person(int i)
        {
            id=i;
        }
        public static void  AddPerson()
        {
            count++;
            // id=100;                              //错误,静态方法不能调用非静态成员
        }
        public void show()
        {
            count++;
            id++;
```

```
        }
    }
    class Program
    {
        static void Main(string[] args)
        {
            Person p=new Person(101);
            p.id=102;
            // p.count=100;//错误,对象不能调用静态成员
            //p.AddPerson();//错误,对象不能调用静态方法
            p.show();
            Person.count=100;
            Person.AddPerson();
            Console.WriteLine(p.id);
            Console.WriteLine(Person.count);
        }
    }
}
```

(3) 运行程序,单击“调试”菜单下的“开始执行(不调试)”或者按快捷键 Ctrl+F5,结果如图 9.6 所示。

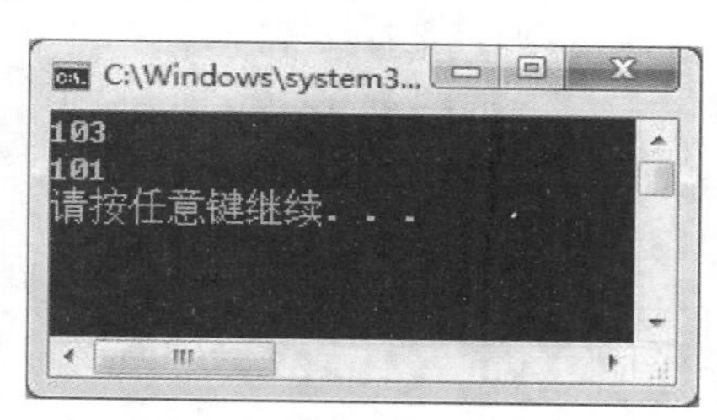

图 9.6 例 9.5 程序运行结果

9.6 字段与属性

9.6.1 字段

字段是类的一个成员,相当于 C++类中的一种简单成员变量,而在 C# 中换了一个名字罢了。字段的定义格式如下:

[修饰符]数据类型 字段名;

说明:修饰符可以是 new,public,protected,internal,private,static,readonly 等。使用 readonly 修饰符定义的字段为只读字段。只读字段只能在定义该字段时或字段所属类的构造函数中进行赋值,在其他情况下不能改变只读字段的值。

例 9.6 编写一个程序演示字段的使用,观察并分析代码的执行结果。要求编写

为控制台应用程序。

实现分析 本例在类 Program 中定义的成员变量 name、age、id 和 count，其中 id 为只读字段，count 为静态成员变量。定义构造方法 Person(string n,int a,int i)，通过在主函数中调用方法，来演示方法的使用。

具体实现步骤如下：

(1) 新建一个项目 t9-6 项目模板：控制台应用程序。

(2) 添加如下代码：

```
using System;
using System.Collections.Generic;
using System.Linq;
using System.Text;
namespace t9_6
{
    class Person
    {
        public string name;                        //姓名
        public int  age ;                          //年龄
        public readonly int id=0;                  //定义只读字段
        public static int count=0;
        public Person(string n,int a,int i)
        {
            name=n;
            age=a;
            id=i;
            count++;
        }
    }
    class Program
    {
        public static void Main()
        {
            Person p1=new Person("tom",21,101);
             Console.WriteLine("Count={0},姓名={1},年龄={2},编号={3}",
             Person.count,p1.name, p1.age, p1.id);
            //p1.id=p1.id+5;                        //错误,只读字段只能在定义时和构
造函数中赋值
            Person p2=new Person("lily",22,102);
            Console.WriteLine("Count={0},High={1},width={2},weight={3}",
            Person.count, p2.name, p2.age, p2.id);
        }
    }
}
```

(3) 运行程序，单击“调试”菜单下的“开始执行(不调试)”或者按快捷键 Ctrl+F5，结果

如图 9.7 所示。

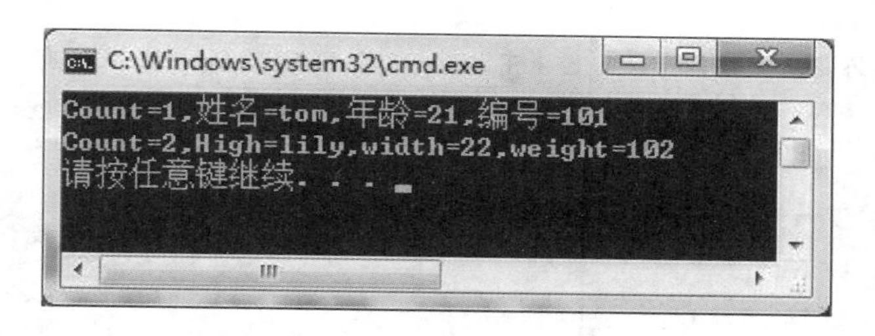

图 9.7　例 9.6 程序运行结果

9.6.2　属性

为了更好地实现数据的封装和隐藏，字段的访问权限一般都会设置成 private 或者 protected，这样类外部的程序就不能直接访问字段成员了。如果想要访问这些字段，C# 提供了属性这种方法，将字段和访问它的方法相结合。属性值的读/写操作是通过类中的特别方法 get 访问器和 set 访问器实现的。

属性的定义格式如下：

```
[属性修饰符] 属性类型 属性名
{
    get
    {[读访问器]}
    set
    {[写访问器]}
}
```

说明：(1) 属性修饰符包括 new，public，protected，internal，private，static，virtual，override 和 abstract。

(2) get 访问器获取属性值，get 访问器通过 return 返回属性的值。如果只有 get 访问器，表示只读属性。

例如：

```
class Person
    {
        private string p_name;
        public string name
        {
            get
            {
                return p_name;
            }
        }
    }
```

(3) set访问器给属性赋值，set访问器使用value来设置属性的值。如果只有set访问器，表示只写属性。

例如：

```
class Person
    {
        private string p_name;
        public string name
        {
            set
            {
                P_name=value;
            }
        }
    }
```

(4) 如果既有get访问器，也有set访问器，表示读写属性。

(5) get访问器的返回值类型与属性类型相同。

例9.7 编写一个程序演示属性的使用，观察并分析代码的执行结果。要求编写为控制台应用程序。

实现分析 本例在类Program中定义了成员变量p_id，p_id为私有成员变量，声明属性id，实现p_id的读写操作。

具体实现步骤如下：

(1) 新建一个项目t9-7项目模板：控制台应用程序。

(2) 添加如下代码：

```
using System;
using System.Collections.Generic;
using System.Linq;
using System.Text;
namespace t9_7
{
    class Person
    {
        private int p_id;
        public int id
        {
            get     //get 访问器
            {
                return (p_id);
            }
            set    //set 访问器
```

```
                {
                    p_id=value;
                }
            }
        }
        class Program
        {
            static void Main(string[] args)
            {
                Person p=new Person();
                p.id=101;
                Console.WriteLine(p.id);
            }
        }
    }
```

(3) 运行程序，单击“调试”菜单下的“开始执行(不调试)”或者按快捷键 Ctrl+F5，结果如图 9.8 所示。

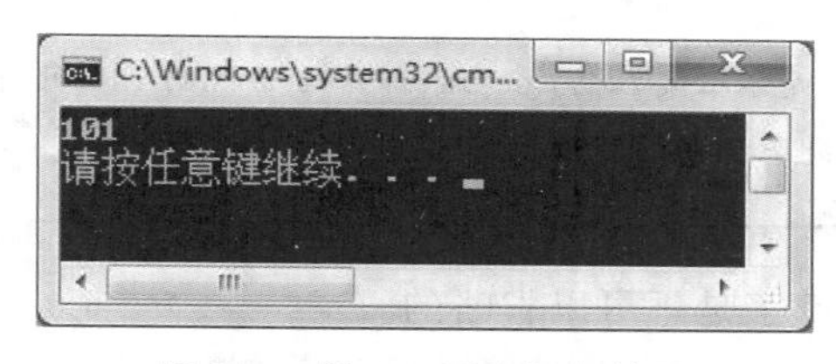

图 9.8　例 9.7 程序运行结果

9.7　this 关键字

在类的方法定义中使用的 this 关键字代表使用该方法的对象的引用。成员通过 this 关键字可以知道自己属于哪一个实例。

使用 this 关键字需要注意以下几点：

(1) 当必须指出当前使用方法的对象是谁时要使用 this。

(2) 有时使用 this 可以处理方法中成员变量和参数重名的情况。

(3) this 关键字只能用在类的构造函数和实例方法中，在其他地方(如静态方法中)使用 this 关键字均是错误的。

举例：定义 Person 类，在 Person 类中访问类的成员变量时，变量名前的 this 可以省略，以下是未省略 this 关键字的代码。

```
    class Person
    {
        private string name;
        private int age;
        public Person()
        {
            this.name="pan";
```

```
            this.age=0;
        }
        public Person(string n, int a)
        {
            this.name=n;
            this.age=a;
        }
        public void PrintName()
        {
            Console.WriteLine("姓名"+this.name);
        }
        public void PrintAge()
        {
            Console.WriteLine("年龄"+this.age);
        }
    }
```

说明：以上代码中的 this 是不必要加的，在此添加是为了说明 this 的作用。因此，若是在代码段中写出了此类 this，其目的多是提高程序的可读性。

以下代码中的 this 关键字是不可以省略的。

```
    class Person
    {
        private string name;
        private int age;
        public void PrintPerson(Personp)
        {
            Console.WriteLine("姓名"+p.name);
            Console.WriteLine("年龄"+p.age);
        }
        public void takePrint()
        {
            Personp1=new Person();
            p1.PrintPerson(this);
        }
    }
```

说明：第 13 行中作为参数出现的 this 代表当前对象实例 p1。

例 9.8 属性的演示。请观察并分析下列程序的执行结果。

具体实现步骤如下：

(1) 新建一个项目 t9-8 项目模板:控制台应用程序。

(2) 添加如下代码:

```
using System;
using System.Collections.Generic;
using System.Linq;
using System.Text;
namespace t9_8
{
    public class Leaf
    {
        public int i=0;
        public Leaf(int i) { this.i=i; }
        public Leaf increament()
        {
            i++;
            return this;
        }
        public void print()
        {
            Console.WriteLine("i="+i);
        }
        static void Main(string[] args)
        {
            Leaf leaf=new Leaf(100);
            leaf.increament().increament().print();
        }
    }
}
```

(3) 运行程序,单击"调试"菜单下的"开始执行(不调试)"或者按快捷键 Ctrl+F5,结果如图 9.9 所示。

图 9.9　例 9.8 程序运行结果

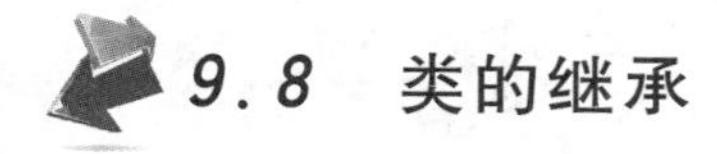

9.8　类的继承

继承——面向对象程序设计的重要特征之一。它是指在创建一个新的类的时候,该类从已有的其他类中继承已有的成员,除了继承过来的成员也可以重新定义新的成员。类的继承的基本格式如下:

```
class 子类类名:父类类名
{
    <子类新定义成员>
}
```

说明:(1) C#的继承是单一继承。也就是说,子类只能继承于一个父类,子类将继承父类的除构造函数和析构函数外的其他所有成员。

(2) C#的继承具有传递性,若A类是B类的子类,B类又是C类的子类,则A类继承了B类中声明的成员,同样也继承了C类中声明的成员。

(3) 子类可以对继承来的父类的功能进行扩展,即子类可以增加自己新的成员,但不能删除从父类继承来的成员,只能不予使用或者隐藏。

(4) 父类中的构造函数和析构函数是不能被子类继承的。

(5) 如果子类定义了与父类成员同名的新成员,则在调用时将调用子类中的新成员,而父类中继承来的那个同名的成员将不能再访问,因为它已经被这个新成员覆盖隐藏了。

例 9.9 编写一个程序演示类的继承的实现,观察并分析代码的执行结果。要求编写为控制台应用程序。

实现分析 定义了 Person 类具有成员变量 name、count、id 和 salary,定义了方法 Setsalary(int w)、Getsalary()和 Work()。定义 Employee 类继承自 Person 类,重写了 Work()方法,定义了方法 Rest()。

具体实现步骤如下:

(1) 新建一个项目 t9-9 项目模板:控制台应用程序。

(2) 添加如下代码:

```
using System;
using System.Collections.Generic;
using System.Linq;
using System.Text;
namespace t9_9
{
    class Person
    {
        public string name;
        public static double count;
        private int id;
        protected int salary;
        public void Setsalary(int w)
        {
            salary=w;
        }
        public int Getsalary()
        {
            return salary;
```

```
        }
        public void Work()
        {
            Console.WriteLine("努力工作!");
        }
    }
    class Employee : Person
    {
        new public void Work()//与父类同名的方法,将覆盖继承来的父类同名方法
        {
            Console.WriteLine("员工正在努力工作");
        }
        public void Rest()//在子类中定义的方法
        {
            Console.WriteLine("员工正在休息!");
        }
    }
    class Program
    {
        static void Main(string[] args)
        {
            Employee e1=new Employee();
            e1.name="Eric";
            Employee.count=6;
            //e1.id=20;        //错误,private 成员只能在本类中
            //e1.salary=1;   //错误,protected 成员只能在类或其子类中访问
            e1.Setsalary(4000);
            e1.Work();
            Console.WriteLine("员工名字为:{0},员工人数为:{1},员工工资:{2}",
                e1.name, Employee.count, e1.Getsalary());
        }
    }
}
```

(3) 运行程序,单击"调试"菜单下的"开始执行(不调试)"或者按快捷键 Ctrl+F5,结果如图 9.10 所示。

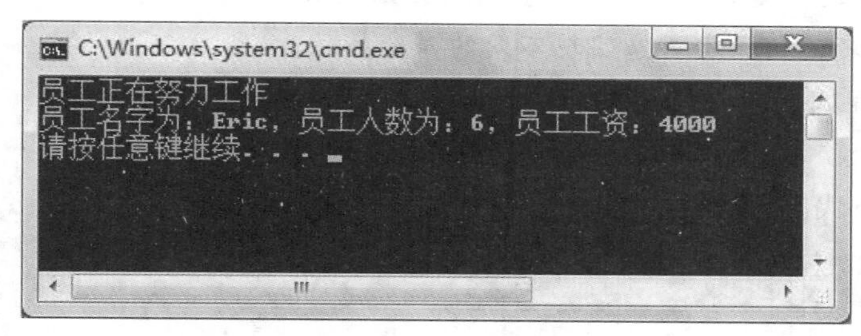

图 9.10　例 9.9 程序运行结果

注意：Employee 类有一个与其父类 Person 类同名的 Work()方法，它将覆盖父类的 Work()方法。在 Person 类的 Work()方法前有一个关键字 new，它的作用是关闭覆盖警告。如果没有 new 关键字，编译器不会报告错误，但会给出一个警告。

9.9 多态性

多态性是指同一操作作用于不同类的实例，这些类对它进行不同的解释，从而产生不同的执行结果的现象。在 C# 中有两种多态性：编译时的多态性和运行时的多态性。

编译时的多态性是通过方法的重载实现的，由于这些同名的重载方法或者参数类型不同或者参数个数不同，所以编译系统在编译期间就可以确定用户所调用的方法是哪一个重载方法。

运行时的多态性是通过继承和虚成员来实现的。运行时的多态性是指系统在编译时不确定选用哪个重载方法，而是直到程序运行时，才根据实际情况决定采用哪个重载方法。

编译时的多态性具有运行速度快的特点，而运行时的多态性则具有极大的灵活性。方法的重载已在前面做过详细的介绍，此处只介绍通过虚方法来实现运行时的多态性。

virtual 修饰符不能与修饰符 static、abstract 和 override 一起使用。虚方法的执行方式可以被其子类所改变，具体实现是通过方法重载来完成的。

前面介绍的普通方法重载要求重载的方法名称相同，但参数类型或参数个数不同，而虚方法重载要求方法名称、参数类型、参数个数、参数顺序及方法返回值类型都必须与父类中的虚方法完全一样。在子类中重载虚方法时，要在方法名前加上 override 修饰符。

实现运行时多态性的三个语法要求：

(1) 子类重写(override)父类的虚方法；

(2) 父类调用被重写的方法；

(3) 父类引用指向子类的对象。

例 9.10 编写一个程序实现多态性，设计一个变声播放器，可以播放不同声音的效果，观察并分析代码的执行结果。要求编写为控制台应用程序。

实现分析 定义了 Voice 类作为父类，具有方法 EnCoded()。定义 ChildVoice 子类和 RobotVoice 子类重写 EnCoded()方法，定义播放器 Player 类，在 Player 类中定义 Play (Voice v)方法，通过父类引用 v 调用被重写的方法 EnCoded()。在实际运行阶段，通过调用 Play()方法，传入不同的子类对象实现不同的声音播放。

具体实现步骤如下：

(1) 新建一个项目 t9-10 项目模板：控制台应用程序。

(2) 添加如下代码：

```
using System;
using System.Collections.Generic;
using System.Linq;
using System.Text;
namespace t9_10
```

```
    {
        class Voice
        {
            public virtual void EnCoded()
            {
                System.Console.WriteLine("声音");
            }
        }
        class ChildVoice : Voice
        {
            public override void EnCoded()
            {
                System.Console.WriteLine("小孩声音");
            }
        }
        class RobotVoice : Voice
        {
            public override void EnCoded()
            {
                System.Console.WriteLine("机器人声音");
            }
        }
        class Player
        {
            public virtual void Play(Voice v)
            {
                v.EnCoded();
            }
        }
        class Program
        {
            static void Main(string[] args)
            {
                Player p=new Player();
                ChildVoice s=new ChildVoice ();
                p.Play(s);
                RobotVoice x=new RobotVoice();
                p.Play(x);
            }
        }
    }
```

（3）运行程序，单击“调试”菜单下的“开始执行（不调试）”或者按快捷键 Ctrl＋F5，结果如图 9.11 所示。

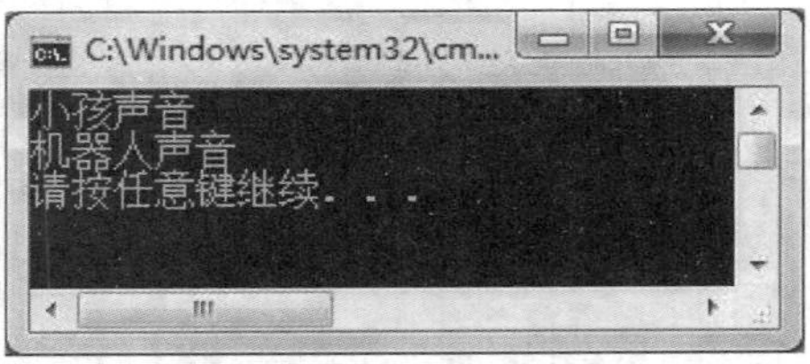

```
C:\Windows\system32\cm...
小孩声音
机器人声音
请按任意键继续...
```

图 9.11　例 9.10 程序运行结果

代码详解　语句“p. Play(s);”调用的是子类的方法，这是运行时的多态性，执行语句“ChildVoice s=new ChildVoice();”时产生的对象 s 中已有方法的代码。

9.10　抽象类与密封类

9.10.1　抽象类

抽象类使用 abstract 修饰符。在定义类时，如果类名前有 abstract 修饰符，则表示该类为抽象类，用于表示该类是不完整的类，也就是说，这个类里面的成员不一定全部实现（例如，某些方法只有声明，没有实现过程）。抽象类的“不完整”，使得它只能作为其他类的父类，不能创建对象。抽象类与非抽象类的区别有以下几点：

（1）抽象类不能创建对象，只能通过其他子类继承使用。如果通过抽象类使用 new 创建对象，编译器将报错。

（2）抽象类可以包含抽象成员，非抽象类不能包含抽象成员。如果有非抽象类继承了抽象类，则这些非抽象类必须具体实现继承来的抽象成员。

```
abstract class A
{
    public abstract void M();
}
abstract class B:A
{
    public override void M()
    {
        Console.WriteLine("实现继承来的方法 M()");
    }
}
class Program
{
    static void Main(string[] args)
    {
        //A a=new A();   //A 为抽象类,无法创建对象
        B b=new B();
        b.M();
    }
}
```

9.10.2 密封类

如果程序中所有的类都可以被继承,没有任何限制,会使得类的层次变得十分复杂、杂乱无章。有的时候我们不希望自己编写的类被继承,有时候有的类没有必要被继承,这个时候我们可以将类定义成密封类,防止该类被其他类继承。

定义密封类的方法是在类名前加上 sealed 修饰符。如果在编程中继承了一个密封类,编译器将提示出错。需要注意的是,一个类不能既是密封类又是抽象类,即类的 abstract 修饰符和 sealed 修饰符不能同时使用。例如:

```
sealed class Circle
{
    const double PI=3.1415;
    private double r;
}
```

这样就无法从 Circle 类派生子类。

9.11 综合实验

9.11.1 实验一

例 9.11 设计一个简单的 Windows 应用程序,求二维空间中的某点是否在圆的内部,在文本框中输入一个点的 x 和 y 坐标值,输入一个圆的圆心的 x、y 坐标和半径,单击"计算"按钮时显示该点是否在圆的内部。

■ 要求定义一个 Point 类,包括:

(1) 两个私有字段表示两个坐标值。

(2) 一个构造函数通过传入的参数对坐标值初始化。

■ 要求定义一个 Circle 类,包括:

(1) 两个私有字段表示圆心和半径。

(2) 一个构造函数通过传入的参数对圆心和半径初始化。

(3) 一个方法包含一个 Point 类对象作为形式参数,用于计算该点是否在自己的内部。

程序的设计界面如图 9.12 所示。

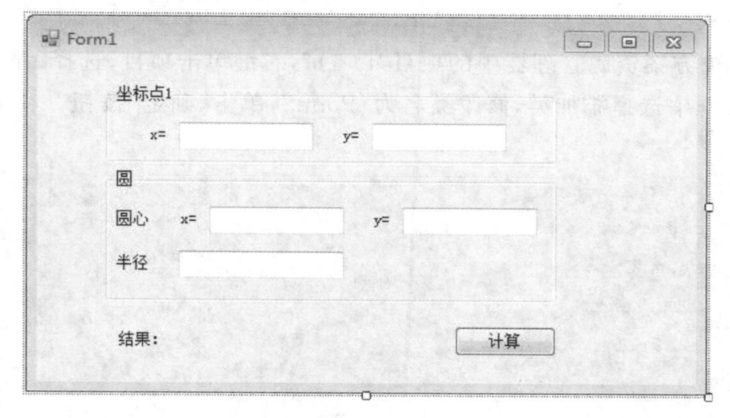

图 9.12 例 9.11 程序设计界面

实现分析 窗体界面应包含 Label 控件、TextBox 控件、GroupBox 控件和 Button 控件，在文本框中输入一个点的坐标及圆的圆心坐标和半径，单击“计算”按钮，在“结果”标签上显示该点是否在圆的内部。

具体实现步骤如下：

(1) 新建项目：创建 Windows 应用程序，项目的名称为“t9-11”。

(2) 根据题目要求选中 Form1 窗体，设计程序界面。本例中控件对象的属性设置如表 9.3 所示。

表 9.3 例 9.11 控件对象的属性设置

控件名称	属性名	属性值	说明
textBox1	Text	""	用来输入坐标点的 x 坐标
textBox2	Text	""	用来输入坐标点的 y 坐标
textBox3	Text	""	用来输入圆的圆心的 x 坐标
textBox4	Text	""	用来输入圆的圆心的 y 坐标
textBox5	Text	""	用来输入圆的半径长度
groupBox1	Text	坐标点 1	
groupBox1	Text	圆	
label1	Text	x=	
label2	Text	y=	
label3	Text	圆心	
label4	Text	x=	
label5	Text	y=	
label6	Text	半径	
label7	Name	lblResult	用来输出判断结果
	Text	结果：	
button1	Text	"计算"	单击它将输入文本显示在 textBox2 中

(3) 找到解决方案资源管理器中的项目“t9-11”，右键单击项目，选择“添加”→“类”。在“添加新项”对话框中选择添加类，修改类名为“Point”，单击“确定”按钮。在 Point 类文件中添加代码如下：


```
using System;
using System.Collections.Generic;
using System.Linq;
usingSystem.Text;
namespace t9_11
{
   class Point
```

```
    {
        private double x;
        private double y;
        public Point(double x1, double y1)
        {
            x=x1;
            y=y1;
        }
        public double getX()
        {
            return x;
        }
        public double getY()
        {
            return y;
        }
    }
    class Circle
    {
        private Point o;
        private double radius;
        public Circle(Point p, double r)
        {
            o=p;
            radius=r;
        }
        public bool contains(Point p)
        {
            double x=p.getX()-o.getX();
            double y=p.getY()-o.getY();
            if (x *x+y *y>radius *radius)
            {
                return false;
            }
            else
            {
                  return true;
            }
        }
        public double getRadius()
        {
            return radius;
        }
    }
}
```

（4）在窗体 Form1 的设计视图中找到 button1 按钮控件，添加控件的响应事件。在设计视图中双击 button1 按钮可以给 button1 添加 Click 单击事件。双击按钮后将打开代码视图。可以看到，Visual Studio 2010 已经自动添加了 button1 按钮的 Click(单击)事件处理方法 button1_Click()。将光标定位在 button1_Click()方法的一对大括号之间，button1 的 Click 事件处理方法代码如下：

```
private void button1_Click(object sender, EventArgs e)
{
    double x1=Convert.ToDouble(textBox1.Text.ToString().Trim());
    double y1=Convert.ToDouble(textBox2.Text.ToString().Trim());
    double x2=Convert.ToDouble(textBox3.Text.ToString().Trim());
    double y2=Convert.ToDouble(textBox4.Text.ToString().Trim());
    double r=Convert.ToDouble(textBox5.Text.ToString().Trim());
    Point p1=new Point(x1,y1);
    Point p2=new Point(x2,y2);
    Circle c=new Circle(p2,r);
    if (c.contains(p1))
    {
        lblResult.Text="结果是:点在圆的内部";
    }
    else
    {
        lblResult.Text="结果是:点在圆的外部";
    }
}
```

（5）运行程序，单击“调试”菜单下的“开始执行(不调试)”或者按快捷键 Ctrl＋F5，结果如图 9.13 所示。

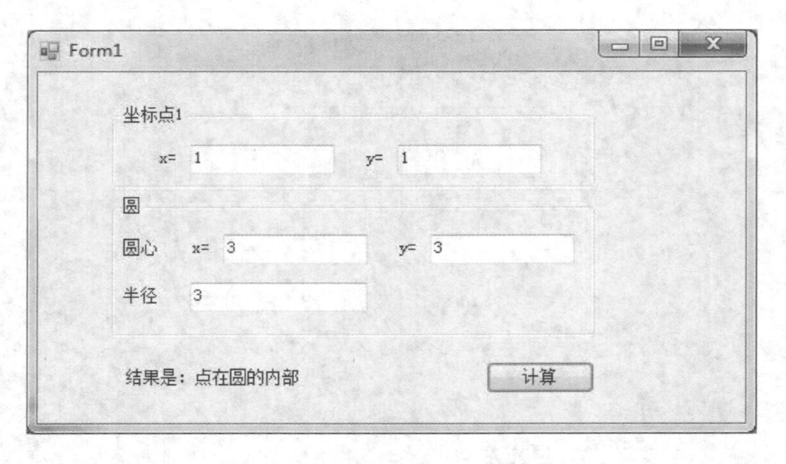

图 9.13　例 9.11 程序运行结果

9.11.2　实验二

例 9.12　自定义一个时间类 Time。该类包含时、分、秒、字段与属性，具有显示当前系统时间和设置时间的方法。

要求定义一个 Time 类，包括：

(1) 三个私有字段表示时、分、秒。

(2) 两个构造函数，一个通过传入的参数对时间初始化，另一个获取系统当前的时间。

(3) 三个只读属性实现对时、分、秒的读取。

(4) 三个方法，可以设置时间的时、分、秒，可以以 24 小时制显示时间信息，可以以 12 小时制显示时间信息。

程序的设计界面如图 9.14 所示。

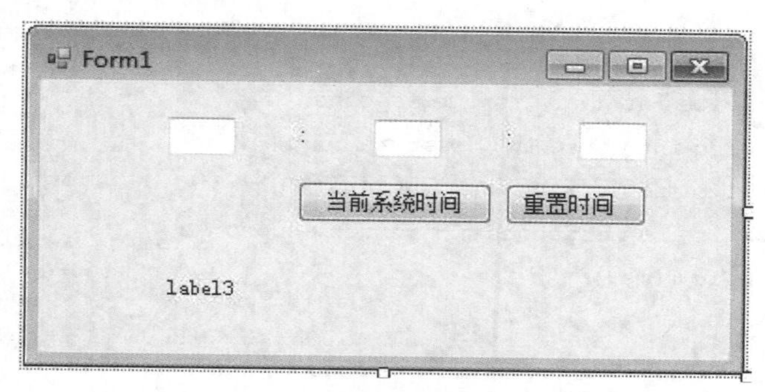

图 9.14　例 9.12 程序设计界面

实现分析　窗体界面应包含 Label 控件、TextBox 控件和 Button 控件，单击“当前系统时间”按钮，在“label3”标签上以 24 小时制和 12 小时制显示当前的系统时间，在文本框中输入一个新的时间，单击“重置时间”按钮，在“label3”标签上以 24 小时制和 12 小时制显示重置时间。

具体实现步骤如下：

(1) 新建项目：创建 Windows 应用程序，项目的名称为“t9-12”。

(2) 根据题目要求选中 Form1 窗体，设计程序界面。本例中控件对象的属性设置如表 9.4 所示。

表 9.4　例 9.12 控件对象的属性设置

控件名称	属性名	属性值	说明
textBox1	Text	""	用来输入或显示时
textBox2	Text	""	用来输入或显示分
textBox3	Text	""	用来输入或显示秒
label1	Text	:	
label2	Text	:	
label3	Text		用来显示结果
button1	Text	"当前系统时间"	单击它将输出当前系统时间
button2	Text	"重置时间"	单击它将输出文本框中的设置时间

(3) 找到解决方案资源管理器中的项目“t9-12”，右键单击项目，选择“添加”→“类”。在

“添加新项”对话框中选择添加类，修改类名为“Time”，单击“确定”按钮。在 Time 类文件中添加代码如下：

```
using System;
using System.Collections.Generic;
using System.Linq;
using System.Text;
namespace t9_12
{
    class Time
    {
        private int hour, minute, second;
        public int Gethour() { return hour; }
        public int Getminute() { return minute; }
        public int Getsecond() { return second; }
        public Time()
        {
            hour=System.DateTime.Now.Hour;
            minute=System.DateTime.Now.Minute;
            second=System.DateTime.Now.Second;
        }
        public Time(int h, int m, int s)
        {
            SetTime(h, m, s);
        }
        public void SetTime(int h, int m, int s)//设置时间信息
        {
            if (h>=0 && h<24)
                hour=h;
            else
                hour=0;
            if (m>=0 && m<60)
                minute=m;
            else
                minute=0;
            if (s>=0 && s<60)
                second=s;
            else
                second=0;
        }
        public string To24String()//以 24 小时制显示时间信息
        {
            string str;
            str=String.Format("{0:D2}:{1:D2}:{2:D2}", hour, minute, second);
```

```
            return str;
        }
        public string To12String()//以 12 小时制显示时间信息
        {
            string str;
            int h;
            h=(hour==12 || hour==0) ?12 : hour %12;
            str=String.Format("{0:D2}:{1:D2}:{2:D2}", h, minute, second);
            return str;
        }
    }
}
```

(4) 在窗体 Form1 的设计视图中找到 button1 按钮控件,添加控件的响应事件。在设计视图中双击 button1 按钮可以给 button1 添加 Click 单击事件。双击按钮后将打开代码视图。可以看到,Visual Studio 2010 已经自动添加了 button1 按钮的 Click(单击)事件处理方法 button1_Click()。将光标定位在 button1_Click()方法的一对大括号之间,button1 按钮的 Click 事件处理方法代码如下:

```
private void button1_Click(object sender, EventArgs e)
{
    Time t=new Time();
    texthour.Text=Convert.ToString(t.Gethour());
    textminute.Text=Convert.ToString(t.Getminute());
    textsecond.Text=Convert.ToString(t.Getsecond());
    string result;
    result="当前时间:"+"\n24 小时制  "
        +t.To24String()+"\n12 小时制  "+t.To12String();
    label3.Text=result;//显示结果
}
```

(5) 在窗体 Form1 中双击 button2 按钮可以给 button2 添加 Click 单击事件。将光标定位在 button2_Click()方法的一对大括号之间,button2 按钮的 Click 事件处理方法代码如下:

```
private void button2_Click(object sender, EventArgs e)
{
    int h=Convert.ToInt32(texthour.Text.ToString().Trim());
    int m=Convert.ToInt32(textminute.Text.ToString().Trim());
    int s=Convert.ToInt32(textsecond.Text.ToString().Trim());
    Time t=new Time(h,m,s);
    string result;
    //显示设置后的时间
    result="重新设置时间后:"+"\n24 小时制  "+t.To24String()
        +"\n12 小时制  "+t.To12String();
    label3.Text=result;//显示结果
}
```

(6) 运行程序,单击“调试”菜单下的“开始执行(不调试)”或者按快捷键 Ctrl+F5,结果如图 9.15 所示。

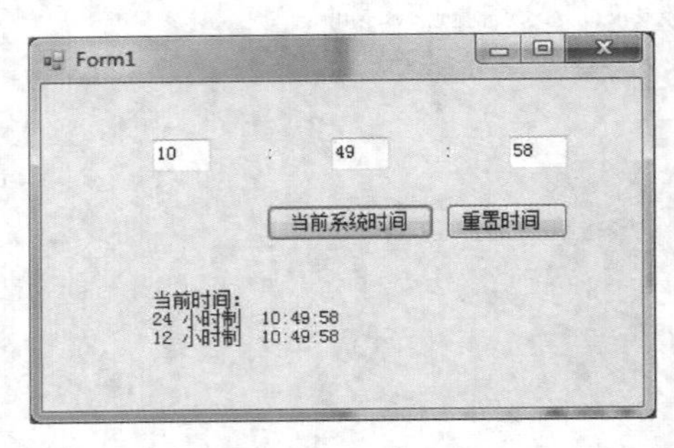

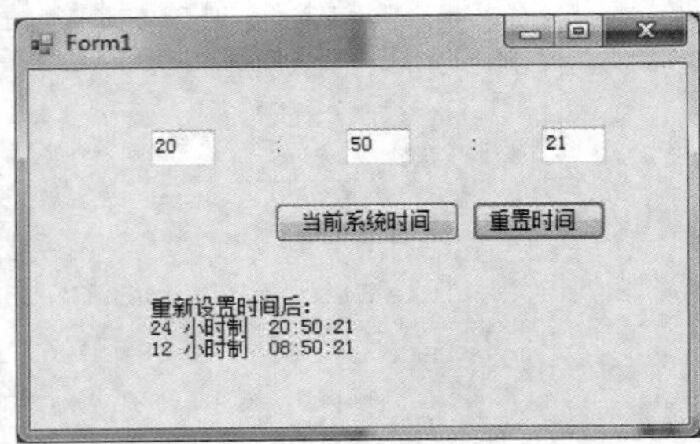

图 9.15 例 9.12 程序运行结果

9.11.3 实验三

例 9.13 设计一个 Windows 应用程序,在该程序中首先构造一个学生 Student 父类,再分别构造大一 Level1、大二 Level2 和大三 Level3 子类,当输入相关数据,单击不同的按钮(“大一”、“大二”、“大三”)时,将分别创建不同的学生对象,并输出当前的学生总人数,该名学生的姓名、学生类型和平均成绩。

要求如下:

(1) 每个学生都有的字段为姓名 name、年龄 age。

(2) 大一的字段还有思政 sizheng、高数 math,用来表示这两科的成绩。

(3) 大二在此基础上增加英语成绩 english。

(4) 大三分为必修课 bixiu 和选修课 xuanxiu 两项成绩。

(5) 学生类提供方法来统计自己的总成绩并输出。

(6) 通过静态成员 number 自动记录学生总人数。

(7) 成员初始化能通过构造函数完成。

程序的设计界面如图 9.16 所示。

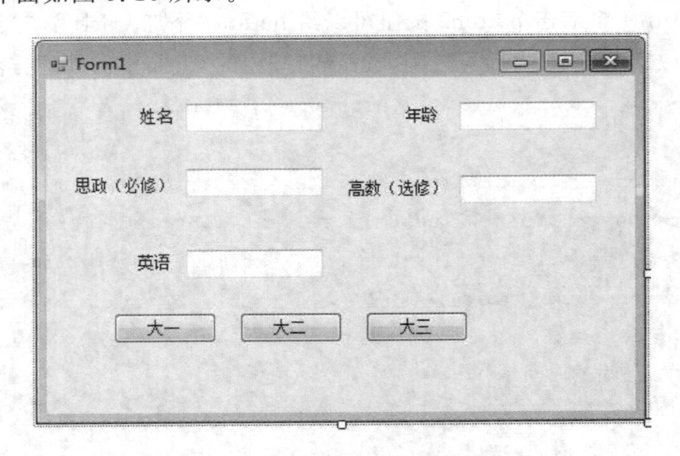

图 9.16 例 9.13 程序设计界面

实现分析 窗体界面应包含 Label 控件、TextBox 控件和 Button 控件,在文本框中填入大一学生信息及成绩，单击“大一”按钮，将在 label6 上显示大一学生的姓名、年龄、思政课成绩、高数成绩以及平均成绩。在文本框中填入大二学生信息及成绩，单击“大二”按钮，将在 label6 上显示大二学生的姓名、年龄、思政课成绩、高数成绩、英语成绩以及平均成绩。在文本框中填入大三学生信息及成绩，单击“大三”按钮，将在 label6 上显示大三学生的姓名、年龄、必修课成绩、选修课成绩以及平均成绩。

具体实现步骤如下：

(1) 新建项目：创建 Windows 应用程序，项目的名称为“t9-13”。

(2) 根据题目要求选中 Form1 窗体，设计程序界面。本例中控件对象的属性设置如表 9.5 所示。

表 9.5　例 9.13 控件对象的属性设置

控件名称	属性名	属性值	说明
label1	Text	姓名	
label2	Text	年龄	
label3	Text	思政(必修)	
label4	Text	高数(选修)	
label5	Text	英语	
label6	Text	""	用于显示最后结果
textBox1	Text	""	用来输入姓名
textBox2	Text	""	用来输入年龄
textBox3	Text	""	用来输入思政成绩/必修成绩
textBox4	Text	""	用来输入高数成绩/选修成绩
textBox5	Text	""	用来输入英语成绩
button1	Text	大一	
button2	Text	大二	
button3	Text	大三	

(3) 找到解决方案资源管理器中的项目“t9-13”，右键单击项目，选择“添加”→“类”。在“添加新项”对话框中选择添加类，修改类名为“Student”，单击“确定”按钮。在 Student 类文件中添加代码如下：

```
using System.Linq;
using System.Text;
namespace t9_13
{
    public abstract class Student
    {
        protected string name;
        protected int age;
        public static int number;
```

```
        public Student(string name, int age)
        {
            this.name=name; this.age=age; number++;
        }
        public string Name
        {
            get { return name; }
        }
        public abstract double Average();
    }
    public class Level1 : Student
    {
        protected double sizheng;
        protected double math;
        public Level1(string name, int age, double sizheng, double math)
            : base(name, age)
        {
            this.sizheng=sizheng; this.math=math;
        }
        public override double Average()
        {
            return (sizheng+math) / 2;
        }
    }
    public class Level2 : Level1
    {
        protected double english;
        public Level2(string name, int age, double sizheng, double math,
            double english): base(name, age, sizheng, math)
        {
            this.sizheng=sizheng; this.math=math; this.english=english;
        }
        public override double Average()
        {
            return (sizheng+math+english) / 3;
        }
    }
    public class Level3 : Student
    {
        protected double xuanxiu;
        protected double bixiu;
        public Level3(string name, int age, double xuanxiu, double bixiu)
            :base(name, age)
```

```
        {
            this.xuanxiu=xuanxiu; this.bixiu=bixiu;
        }
        public override double Average()
        {
            return (xuanxiu+bixiu) / 2;
        }
    }
}
```

(4) 在窗体 Form1 中双击 button1 按钮可以给 button1 添加 Click 单击事件。将光标定位在 button1_Click()方法的一对大括号之间，button1 按钮的 Click 事件处理方法代码如下：

```
private void button1_Click(object sender, EventArgs e)
{
    string n=Convert.ToString(textBox1.Text);
    int a=Convert.ToInt16(textBox2.Text);
    double ch=Convert.ToDouble(textBox3.Text);
    double ma=Convert.ToDouble(textBox4.Text);
    Level1 P1=new Level1(n, a, ch, ma);
    label6.Text+="总人数:"+Student.number+",姓名:"+P1.Name
        +",大一, 平均成绩为:"+P1.Average()+"\n";
}
```

(5) 在窗体 Form1 中双击 button2 按钮可以给 button2 添加 Click 单击事件。将光标定位在 button2_Click()方法的一对大括号之间，button2 按钮的 Click 事件处理方法代码如下：

```
private void button2_Click(object sender, EventArgs e)
{
    string n=Convert.ToString(textBox1.Text);
    int a=Convert.ToInt16(textBox2.Text);
    double ch=Convert.ToDouble(textBox3.Text);
    double ma=Convert.ToDouble(textBox4.Text);
    double en=Convert.ToDouble(textBox5.Text);
    Level2 M1=new Level2(n, a, ch, ma,en);
    label6.Text+="总人数:"+Student.number+",姓名"+M1.Name+
        ",大二,平均成绩为:"+M1.Average()+"\n";
}
```

(6) 在窗体 Form1 中双击 button3 按钮可以给 button3 添加 Click 单击事件。将光标定位在 button3_Click()方法的一对大括号之间，button3 按钮的 Click 事件处理方法代码如下：

```
private void button3_Click(object sender, EventArgs e)
{
    string n=Convert.ToString(textBox1.Text);
    int a=Convert.ToInt16(textBox2.Text);
```

```
        double bx=Convert.ToDouble(textBox3.Text);
        double xx=Convert.ToDouble(textBox4.Text);
        Level3 C1=new Level3(n, a, bx, xx);
        label6.Text+="总人数:"+Student.number+",姓名"+C1.Name+
            ",大三,平均成绩为:"+C1.Average()+"\n";
    }
```

(7) 运行程序,单击"调试"菜单下的"开始执行(不调试)"或者按快捷键 Ctrl+F5,结果如图 9.17 所示。

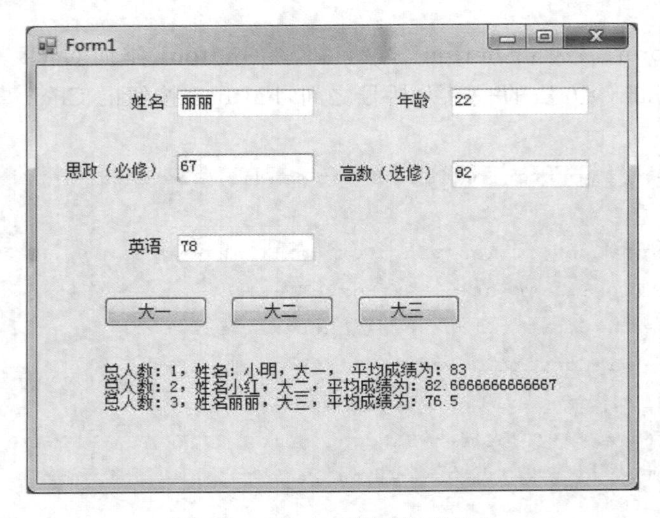

图 9.17　例 9.13 程序运行结果

9.11.4　实验四

例 9.14　设计一个 Windows 应用程序,在该程序中定义平面图形抽象类及其派生类圆、矩形和三角形。该程序实现的功能包括:输入相应图形的参数,如矩形的长和宽,单击相应的按钮,根据输入参数创建图形类并输出该对象的面积。

程序的设计界面如图 9.18 所示。

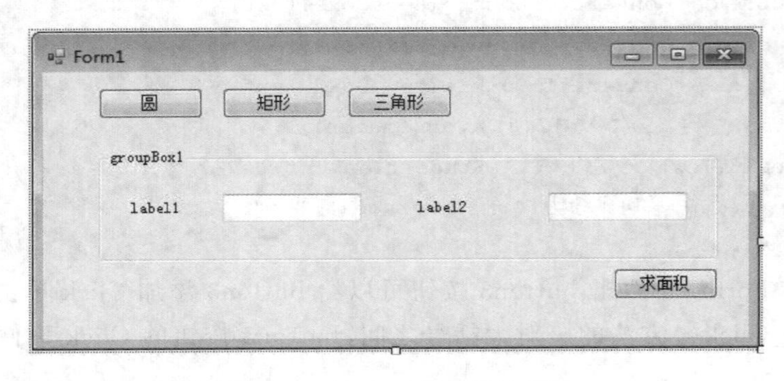

图 9.18　例 9.14 程序设计界面

实现分析　窗体界面应包含 GroupBox 控件、Label 控件、TextBox 控件和 Button 控件,单击不同的图形按钮,在 GroupBox 中输入图形信息,单击"求面积"按钮,在"label3"

标签上显示图形面积。

具体实现步骤如下：

(1) 新建项目：创建 Windows 应用程序，项目的名称为“t9-14”。

(2) 根据题目要求选中 Form1 窗体，设计程序界面。本例中控件对象的属性设置如表 9.6 所示。

表 9.6 例 9.14 控件对象的属性设置

控件名称	属性名	属性值	说明
groupBox1	Text	"groupBox1"	
textBox1	Text	""	用来输入图形信息
textBox2	Text	""	用来输入图形信息
button1	Text	"圆"	单击它，在文本框中输入圆的信息
button2	Text	"矩形"	单击它，在文本框中输入矩形的信息
button3	Text	"三角形"	单击它，在文本框中输入三角形的信息
button4	Text	"求面积"	单击它，将在 label3 中显示图形的面积
label1	Text	""	
label2	Text	""	
label3	Text	""	用来显示结果

(3) 找到解决方案资源管理器中的项目“t9-14”，右键单击项目，选择“添加”→“类”。在“添加新项”对话框中选择添加图形类，修改类名为“TX”，单击“确定”按钮。在 TX 类文件中添加代码如下：

```
using System;
using System.Collections.Generic;
using System.Linq;
using System.Text;
namespace t9_14
{
    public abstract class TX
    {
        public abstract double Area();
    }
    public class Circle : TX
    {
        double radius;
        public Circle(double r)
        {
            radius=r;
        }
```

```
        public override double Area()
        {
            return radius * radius * 3.14;
        }
    }
    public class JX: TX
    {
        double ch, k;
        public JX(double a, double b)
        {
            ch=a; k=b;
        }
        public override double Area()
        {
            return ch * k;
        }
    }
    public class SJX : TX
    {
        double d, g;
        public SJX(double a, double b)
        {
            d=a; g=b;
        }
        public override double Area()
        {
            return d * g / 2;
        }
    }
}
```

(4) 在窗体 Form1 中双击 button1 按钮可以给 button1 添加 Click 单击事件。将光标定位在 button1_Click()方法的一对大括号之间，button1 按钮的 Click 事件处理方法代码如下：

```
private void button1_Click(object sender, EventArgs e)
{
    groupBox1.Visible=true;
    groupBox1.Text="圆";
    label1.Text="半径";
    label2.Visible=false;
    textBox2.Visible=false;
}
```

(5) 在窗体 Form1 中双击 button2 按钮可以给 button2 添加 Click 单击事件。将光标定位在 button2_Click()方法的一对大括号之间，button2 按钮的 Click 事件处理方法代码如下：

```
private void button2_Click(object sender, EventArgs e)
{
    groupBox1.Visible=true;
    groupBox1.Text="矩形";
    label1.Text="长";
    label2.Text="宽";
    label2.Visible=true;
    textBox2.Visible=true;
}
```

（6）在窗体 Form1 中双击 button3 按钮可以给 button3 添加 Click 单击事件。将光标定位在 button3_Click()方法的一对大括号之间，button3 按钮的 Click 事件处理方法代码如下：

```
private void button3_Click(object sender, EventArgs e)
{
    groupBox1.Visible=true;
    groupBox1.Text="三角形";
    label1.Text="长";
    label2.Text="高";
    label2.Visible=true;
    textBox2.Visible=true;
}
```

（7）在窗体 Form1 中双击 button4 按钮可以给 button4 添加 Click 单击事件。将光标定位在 button4_Click()方法的一对大括号之间，button4 按钮的 Click 事件处理方法代码如下：

```
private void button4_Click(object sender, EventArgs e)
{
    if(groupBox1.Text=="圆")
    {
        Circle C1=new Circle(Convert.ToDouble(textBox1.Text));
        label3.Text+="圆的面积是"+C1.Area();
    }
    else if( groupBox1.Text=="矩形")
    {
        JX A1=new JX(Convert.ToDouble(textBox1.Text),
              Convert.ToDouble(textBox2.Text));
        label3.Text+="\n 矩形的面积是"+A1.Area();
     }
     else
     {
        SJX B1=new SJX(Convert.ToDouble(textBox1.Text),
```

```
                    Convert.ToDouble(textBox2.Text));
                label3.Text+="\n三角形的面积是"+B1.Area();
            }
        }
```

(8) 运行程序,单击“调试”菜单下的“开始执行(不调试)”或者按快捷键 Ctrl+F5,结果如图 9.19 所示。

(a) 求圆的面积

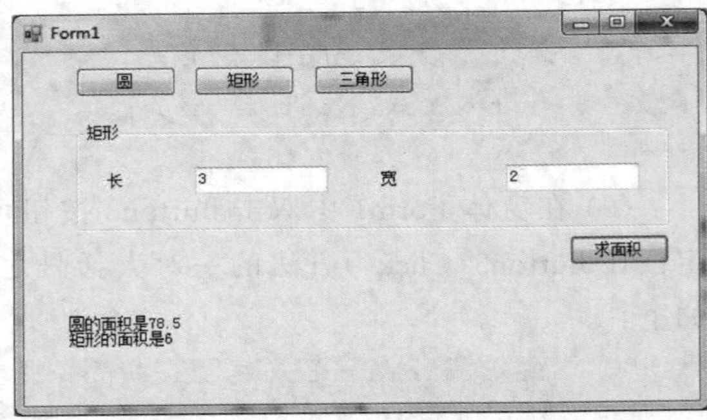

(b) 求矩形的面积

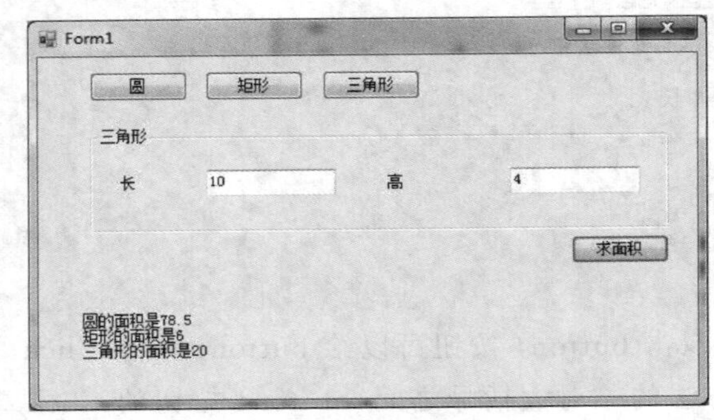

(c) 求三角形的面积

图 9.19 例 9.14 程序运行结果

小　　结

本章主要讲解面向对象的基本概念,面向对象是一个比较重要的知识点,也是一个比较难理解的知识点。在本章中,主要介绍了类的定义、类的成员及类的特性。

知 识 点	操　　作

类的定义	格式如下:
	[修饰符] class 类名[:父类]
	{
	    类成员列表;
	}

对象的定义	创建对象的格式如下: 类名 实例名=new 类名([参数]);

续表

知识点	操作
类成员的可访问性	在C#中,对类中的成员有五种访问权限,提供了访问修饰符以控制类成员的可访问性。 ● public:公有成员,C#中的公有成员可以被所有成员访问。这是限制最少的一种访问方式。 ● protected:保护成员,有时成员希望可以被其子类访问,但对于外界是限制访问的,这时可以使用 protected 修饰符定义成员为保护成员。它不允许外界对成员访问,但是允许其子类对成员进行访问。 ● internal:内部成员,是一种特殊的成员,它的访问权限对于同一个项目的成员是开放的,而对于其他项目的成员是禁止访问的。 ● protected internal:它与内部成员的区别是访问权限中多了一个继承子类,也就是说,使用了这种访问类型的成员只可以被同一个项目的代码或其子类访问。 ● private:私有成员,只可以被本类中的成员访问,本类以外的任何成员访问都是不合法的

方法的定义	方法定义的格式如下:
	[方法修饰符] 返回类型 方法名([形式参数列表])
	{
	方法实现部分;
	}

字段	字段的定义格式如下: [修饰符]数据类型 字段名;

属性	属性的定义格式如下:
	[属性修饰符] 属性类型 属性名
	{
	get
	{ [读访问器] }
	set
	{ [写访问器] }
	}

类的继承	类的继承的基本格式如下:
	class 子类类名:父类类名
	{
	＜子类新定义成员＞
	}

课后练习

一、选择题

1. 调用重载方法时，系统根据________来选择具体的方法。

A. 方法名　　B. 参数的个数和类型

C. 参数名及参数个数　　D. 方法的返回值类型

2. 下列的________不是构造函数的特征。

A. 构造函数的函数名与类名相同　　B. 构造函数可以重载

C. 构造函数可以带有参数　　D. 可以指定构造函数的返回值类型

3. 类 ClassA 有一个名为 M1 的方法，在程序中有如下一段代码，假设该段代码是可以执行的，则定义 M1 方法时一定使用了________修饰符。

```
ClassA Aobj=new ClassA(); ClassA.M1();
```

A. public　　B. static　　C. private　　D. virtual

4. 已知类 B 是由类 A 继承而来，类 A 中有一个名为 M 的非虚方法，现在希望在类 B 中也定义一个名为 M 的方法，若希望编译时不出现警告信息，则在类 B 中定义该方法时，应使用________关键字。

A. static　　B. new　　C. override　　D. virtual

二、填空题

1. 在类的成员定义时，若使用了________修饰符，则该成员只能在该类或其子类中使用。

2. 类的静态成员属于________所有，非静态成员属于类的实例所有。

3. 已知某类的类名为 Student，则该类的析构函数名为________。

4. 在 C# 中有两种多态性：编译时的多态性和运行时的多态性。编译时的多态性是通过________实现的，运行时的多态性是通过继承和________来实现的。

5. 在定义类时，在类名前________修饰符，则定义的类只能作为其他类的父类，不能被实例化。

三、程序设计题

1. 定义一个车辆(Vehicle)父类，具有 Run、Stop 等方法，具有 Speed(速度)、MaxSpeed(最大速度)、Weight(重量)等域。然后以该类为父类，派生出 bicycle、car 等类，并编程对子类的功能进行验证。

2. 编写出一个通用的人员类(Person)，该类具有姓名(Name)、年龄(Age)、性别(Sex) 等域。然后通过对 Person 类的继承得到一个学生类(Student)，该类能够存放学生的 5 门课的成绩，并能求出平均成绩，要求对该类构造函数进行重载，至少给出三个形式。最后编程对 Student 类的功能进行验证。

第⑩章 管理错误和异常处理

在之前的学习中我们完成很多常规编程，这些常规任务包括编程过程中遇到了很多的问题，但这些问题通常在代码的编译阶段就已经发现并被我们解决了。但一直没有提到程序在运行阶段可能出现的问题。

我们的程序在运行阶段出现的问题要如何解决，便是本章要讲述的问题。通过本章的学习，我们可以了解如何通过抛出异常来通知发生了错误，如何使用 try、catch 和 finally 语句捕捉和处理这些异常所代表的错误。

本章要点

- 使用 try 和 catch 语句处理异常
- 捕获多个异常
- 使用 throw 关键字从方法中抛出异常
- 使用 finally 块写总是运行的代码

10.1 什么是异常处理

几乎所有的程序都有错误的处理机制，C# 与许多的 OOP 语言一样，也可以处理可预见的、反常的异常，例如，网络连接意外丢失、文件找不到等。当应用程序在遇到这些异常时，它的处理方法就是将这个异常“抛出”，并且终止当前方法的执行。

使用 try/catch 块来处理异常，在 try 块中“监督”具有潜在危险的代码，在 catch 块中来实现异常的处理过程。如果在程序中有些操作代码是无论是否遇到异常都必须执行的（例如，对于已打开文件的操作出现异常，需要关闭文件，释放已经分配的资源），那么可以将这些代码放在 finally 块中。

例 10.1 创建一个 Windows 窗体应用程序，通过输入被除数和除数，可以显示计算结果，计算器的设计界面如图 10.1 所示。程序运行时，在文本框 txtX 和文本框 txtY 中输入被除数和除数后，单击“=”按钮，将会把运算结果显示在标签中。

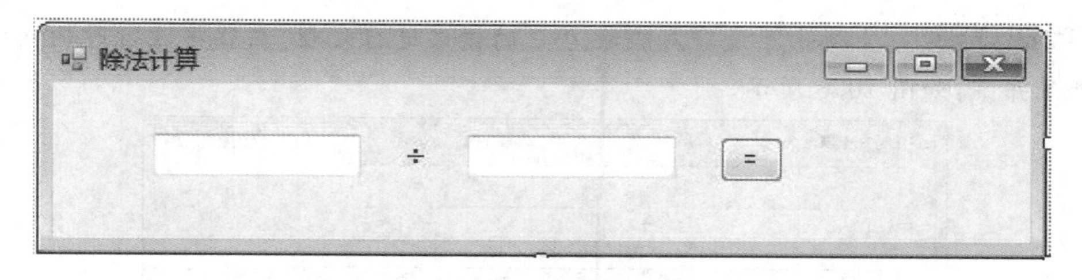

图 10.1 例 10.1 程序设计界面

具体实现步骤如下：

(1) 新建项目：创建 Windows 应用程序，项目的名称为“t10-1”。

(2) 根据题目要求选中 Form1 窗体，设计程序界面。添加 2 个 TextBox 文本框控件、2 个 Label 标签控件和 1 个 Button 按钮控件。本例中控件对象的属性设置如表 10.1 所示。

表 10.1 例 10.1 控件对象的属性设置

控件名称	属性名	属性值
Form1	Text	除法计算
textBox1	name	txtX
textBox2	name	txtY
button1	Text	=
label1	Text	÷
label2	Text	“”

(3) 找到“=”button1 按钮控件，添加 button1 的 Click 事件，代码如下：

```
private void button1_Click(object sender, EventArgs e)
{
    int x, y;                                        //存放被除数和除数
    double result;                                   //结果
    x=Convert.ToInt32(txtX.Text);
    //把 textBox1 中的输入转换为整型作为被除数
    y=Convert.ToInt32(txtY.Text);
    //把 textBox2 中的输入转换为整型作为除数
    result=x / y;                                    //如果除数不为零，则进行除运算
    label2.Text=Convert.ToString(result);            //显示结果
}
```

(4) 运行程序，单击“调试”菜单下的“开始执行(不调试)”或者按快捷键 Ctrl+F5，结果如图 10.2 所示。

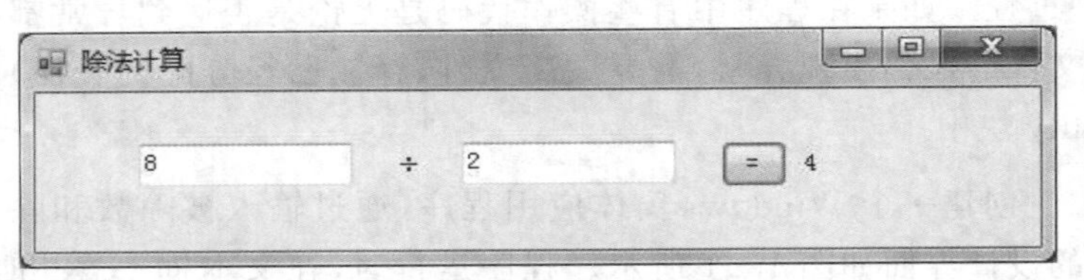

图 10.2 例 10.1 程序正常运行界面

代码详解 上例由于没有对除数为 0 的错误进行处理，在程序运行时输入的除数为零，产生异常，如图 10.3 所示。

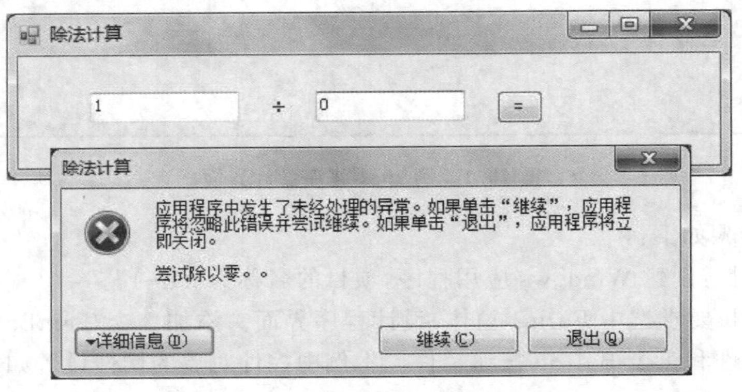

图 10.3 例 10.1 除数为零时执行界面

10.2　开始捕捉异常

C#语言的异常处理功能提供了处理程序运行时出现的任何意外或异常情况的方法。我们通常使用 try、catch 和 finally 关键字来监督可能出现异常的程序，处理失败，以及在事后清理资源。

对异常的捕获处理使用 try…catch…finally 语句，其格式如下：

```
try
{
    语句组 1；              //程序中需要执行的语句
}
catch(异常 1)               //发生了“异常 1”指定的异常
{
    语句组 2；              //执行该异常处理
}
finally                     //必做的自理
{
    语句组 n+1；            //该语句块一定被执行，无论是否产生异常
}
```

为了实现应用程序的异常处理，需要注意以下几点。

(1) try 块：try 块中是尝试执行的代码，try 是 C#关键字。代码运行时，会尝试执行 try 块内的所有语句。如果没有产生任何的异常，这些语句将按照顺序执行下去，直到全部完成。但一旦出现异常，就终止 try 块中接下来的语句执行，跳出 try 块，进入 catch 处理程序中执行。

(2) catch 块：紧接着 try 块的一个或多个异常处理程序，catch 也是 C#关键字，处理可能发生的错误。每个 catch 处理程序都捕捉一种类型的异常，可在 try 块后面写多个 catch 处理程序，来捕获不同的异常。当 try 块中的语句出现异常时，CLR 会生成并抛出异常。然后，检查 try 块之后的 catch 处理程序，执行匹配的处理程序。

(3) finally 块也可以省略，但 catch 块和 finally 块不能同时省略。

举例：在 try 块中尝试将文本框 textBox1 和 textBox2 中的内容转换成整数值，计算 x+y 值，将结果写入另一个文本框。为了将字符串转换成整数，要求文本框中应输入一组有效的数位，而不能是一组随意的字符。如果文本框中包含无效字符，int. Parse 方法抛出 FormatException 异常，并将控制权移交给对应的 catch 处理程序。代码如下所示：

```
try
{
    int x=int.Parse(textBox1.Text);
    int y=int.Parse(textBox2.Text);
    int answer=x+y;
    result.Text=answer.ToString();
}
```

```
catch (FormatException fEx)
{
    System.Console.WriteLine("文本框输入数据格式不正确!");   // 处理异常
    …
}
```

例 10.2 对例 10.1 代码进行改进，对于由于除数为 0 时产生的异常进行处理。把例 10.1 的代码放入 try 块中，在 try 块后加上一个 catch 块，用来捕获除数为 0 的异常并处理。

具体实现步骤如下：

(1) 新建项目：创建 Windows 应用程序，项目的名称为“t10-2”。

(2) 程序的界面与例 10.1 相同。

(3) 找到“＝”button1 按钮控件，添加 button1 的 Click 事件，代码如下：

```
private void button1_Click(object sender, EventArgs e)
{
    try
    {
        int x, y;//存放被除数和除数
        double result;//结果
        x=Convert.ToInt32(txtX.Text);
            /*把 textBox1 中的输入转换为整型作为被除数*/
        y=Convert.ToInt32(txtY.Text);
            /*把 textBox2 中的输入转换为整型作为除数*/
        result=x /y;//如果除数不为零,则进行除运算
        label2.Text=Convert.ToString(result);//显示结果
    }
    catch (DivideByZeroException e1)
    {
        label2.Text=e1.Message;
    }
}
```

(4) 运行程序，单击“调试”菜单下的“开始执行(不调试)”或者按快捷键 Ctrl＋F5，结果如图 10.4 所示。

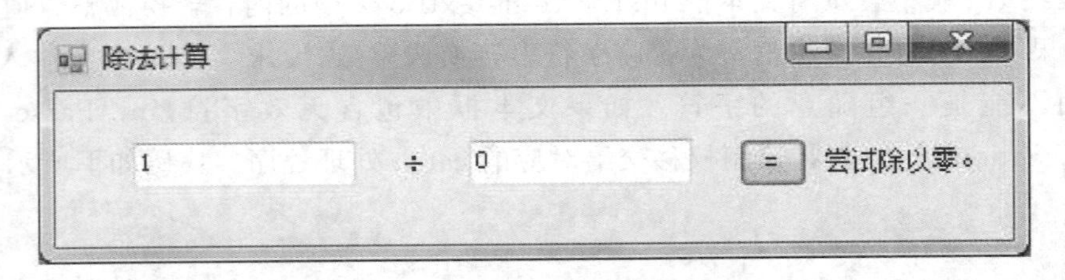

图 10.4　例 10.2 程序执行界面

10.2.1　未处理的异常

如果 try 块程序执行过程中确实出现了异常，但是在 catch 处理程序中没有相应异常的

处理，那么程序会如何操作呢？例如，在上述例题中，textBox1 文本框中输入了一个整数，但该整数超出了 C# 允许的范围（例如“6983707861”）。在这种情况下，int.Parse 语句会抛出 OverflowException 异常，而 catch 处理程序我们只定义了有关 FormatException 异常的处理，没有 OverflowException 类型的异常处理。这个时候，程序会判断如果 try 块是某个方法的一部分，那个方法将立即退出，并返回它的调用方法。如果它的调用方法有 try 块，将会尝试定位 try 块之后的一个匹配 catch 处理程序并执行。如果调用方法也没有异常处理程序，或者有异常处理但没有找到匹配的 catch 处理程序，则调用方法退出，返回它的更上一级的调用方法，以此类推。这样不断地“向上”提交异常，如果在这个过程中，找到了匹配的 catch 处理程序，就运行它，然后程序返回到最初捕捉到这个异常的方法，从这个方法的 catch 处理程序之后的第一条语句继续执行。

如果程序由内向外找遍了所有调用方法，还是找不到匹配的 catch 处理程序，则将终止整个程序，报告发生了未处理的异常，如图 10.5 所示。

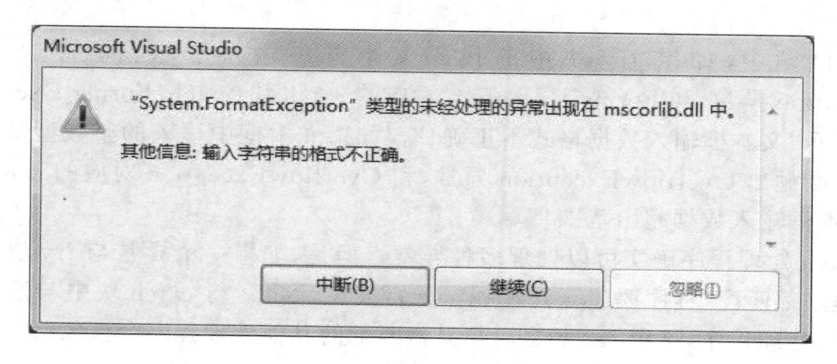

图 10.5　未处理异常界面

10.2.2　使用多个 catch 处理程序

通过前面的例题，我们知道一段代码可能抛出多个异常，我们可以为一个 try 块提供多个 catch 处理程序。

对异常的捕获处理使用 try…catch 语句，其格式如下：

```
try
{
    语句组 0;//程序中需要执行的语句
}
catch(异常 1)//发生了“异常 1”指定的异常
{
    语句组 1;//执行该异常处理
}
catch(异常 2)//发生了“异常 2”指定的异常
{
    语句组 2;//执行该异常处理
}
```

所有 catch 处理程序依次列出，就像下面这样：

```
try
{
    int x=int.Parse(textBox1.Text);
    int y=int.Parse(textBox2.Text);
    int answer=x+y;
    result.Text=answer.ToString();
}
catch (FormatException fEx)
{
    System.Console.WriteLine("文本框输入数据格式不正确!");
}
catch (OverflowException oEx)
{
    System.Console.WriteLine("文本框输入数据超出范围!");
}
```

在上述例题中，如果try块中的代码文本框中输入了非整数型文本，则抛出FormatException异常，和FormatException对应的catch块(catch(FormatException fEx))开始运行，显示“文本框输入数据格式不正确!”。如果文本框中输入的整数型文本超出C#允许的范围，则抛出OverflowException异常，和OverflowException对应的catch块开始运行，显示“文本框输入数据超出范围!”。

多个catch处理程序确实可以处理多种异常。但是，如果一个异常与try块之后的多个catch处理程序都匹配，程序要怎么处理呢？异常发生后将运行catch块中与这个异常匹配的第一个异常处理程序，这个catch之后与异常匹配的其他处理程序会被忽略。

10.2.3 捕捉多个异常

C#和Microsoft.NET Framework的异常捕捉机制可以捕获程序可能抛出的大多数异常。我们在编程时并不一定能考虑到程序中出现的每个异常，也就不可能都写对应的catch处理程序。那么，如何能捕捉并处理所有可能的异常呢？这个时候我们可以使用Exception类来捕获可能出现的所有异常。FormatException和OverflowException异常都属于SystemException家族。该家族还包含其他许多异常。SystemException本身又是Exception家族的成员。通过类的继承关系，我们可以知道Exception是所有异常的“老祖宗”。捕捉Exception相当于捕捉可能发生的所有异常。

下面的代码将展示如何捕捉所有可能的异常：

```
try
{
    int x=int.Parse(textBox1.Text);
    int y=int.Parse(textBox2.Text);
    int answer=x+y;
    result.Text=answer.ToString();
}
catch (Exception ex) // 这是常规 catch 处理程序,能捕捉所有异常
{
    //…
}
```

注意：如果真的决定捕捉 Exception，可以从 catch 处理程序中省略它的名称，因为默认捕捉的就是 Exception，格式如下：

```
try
{
    语句组 1;        //程序中需要执行的语句
}
catch
{
    语句组 2;        //执行该异常处理
}
```

那么上述例题可以写成：

```
try
{
    int x=int.Parse(textBox1.Text);
    int y=int.Parse(textBox2.Text);
    int answer=x+y;
    result.Text=answer.ToString();
}
catch
{
    //…
}
```

这种做法虽然方便，但我们并不推荐经常这么做。这样操作会忽略掉程序中抛出异常的重要信息。使用这种 catch 捕获的异常无法获得异常的详细信息。

10.2.4 C#的异常类

上文提到的 DivideByZeroException、FormatException 和 OverflowException 异常属 Exception 家族的成员。在 C#中，Exception 类是所有异常类的父类，该类包含在公共语言运行库中。Exception 类经常用到的属性有以下两个：

(1) Message 属性：只读属性，它提供了对异常原因的描述信息。

(2) InnerException 属性：只读属性，它指出了所捕获的异常的"内部异常"。也就是说，当前的异常是作为对另外一个异常的回答而被抛出的。产生当前异常的异常可以在 InnerException 属性中得到。

为了对异常进行更细致的划分，C#还提供了一些通用异常类。下面就一些常用到的异常进行简单介绍。

(1) System. OutOfMemoryException：表示使用 new 来分配内存失败时抛出的异常。

(2) System. StackOverflowException：表示当执行栈被太多未完成的方法调用耗尽时抛出的异常。

(3) System. NullReferenceException:表示在需要引用对象时,却访问到 null 引用时抛出的异常。

(4) System. TypeInitializationException:表示当一个静态构造函数抛出一个异常,并且在没有任何 catch 语句来捕获它的时候抛出的异常。

(5) System. InvalidCastException:表示当一个从基本类型或接口到一个派生类型的转换运行失败时抛出的异常。

(6) System. ArrayTypeMismatchException:表示当因为存储元素的实例类型与数组的实际类型不匹配而造成数组存储失败时抛出的异常。

(7) System. IndexOutOfRangeException:表示当试图通过一个比零小或者超出数组边界的下标来引用一个数组元素时抛出的异常。

(8) System. MulticastNotSupportedException:表示当试图合并两个非空委托失败时抛出的异常。因为委托类型没有 void 返回类型。

(9) System. ArithmeticException:表示一个异常的基类,它在进行算术操作时发生,如被零除和溢出时的异常。

(10) System. DivideByZeroException:表示当试图用整数类型数据除以零时抛出的异常。

(11) System. OverflowException:表示当进行的算术操作、类型转换或转换操作导致溢出时抛出的异常。

在 catch 块中可以使用这些通用异常类作为参数,来捕获指定的异常。

10.3 抛出异常

1. 抛出异常

在编程时,并不是所有异常都需要程序员进行处理,有时候可能为了某种目的将产生的异常抛出。抛出异常使用 throw 语句。throw 语句的格式有两种,如下所示:

[格式 1]:

throw

注意:不考虑异常的类型,把产生的异常直接抛出去,这个异常将传回到调用方法的代码中。一般在 catch 块中使用。

[格式 2]:

throw 异常对象

说明:考虑异常的类型,只抛出"异常对象"指定的异常。如果该语句在 catch 块中,将把异常发送到调用方法的代码中,从而可以实现捕获异常、处理异常和重发异常的机制。

例 10.3 对例 10.1 代码进行改进,如果除数为 0,则主动抛出"除数为 0"的异常。在 try 块中把在文本框中输入的数据转换成整型,再判断除数是否为 0,如果除数为 0,则用 throw 语句抛出除数为 0 的异常。

具体实现步骤如下：

（1）新建项目：创建 Windows 应用程序，项目的名称为“t10-3”。

（2）程序的界面与例 10.1 相同。

（3）找到“=”button1 按钮控件，添加 button1 的 Click 事件，代码如下：

```
private void button1_Click(object sender, EventArgs e)
{
    try
    {
        int x, y;//存放被除数和除数
        double result;//结果
        x=Convert.ToInt32(txtX.Text);
            //把 txtX 中的输入转换为整型作为被除数
        y=Convert.ToInt32(txtY.Text);
            //把 txtY 中的输入转换为整型作为除数
        if (y==0)
            throw new DivideByZeroException("除数为 0,请重新输入!");
        else
        {
            result=x / y;//如果除数不为零,则进行除运算
            label2.Text=Convert.ToString(result);//显示结果
        }
    }
    catch (DivideByZeroException e1)
    {
        label2.Text=e1.Message;
    }
}
```

（4）运行程序，单击“调试”菜单下的“开始执行(不调试)”或者按快捷键 Ctrl+F5，结果如图 10.6 所示。

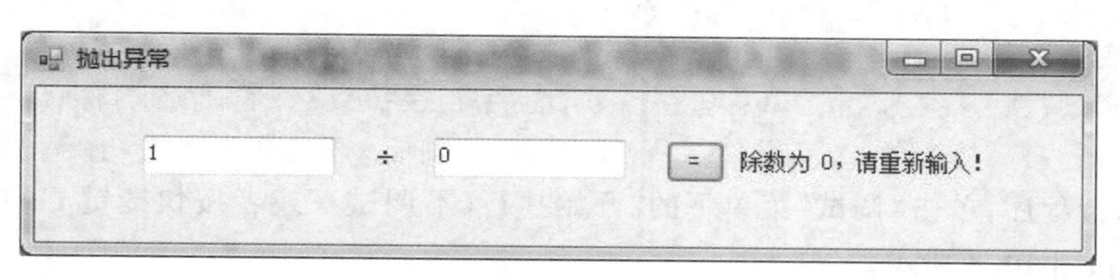

图 10.6　例 10.3 程序运行结果

例 10.4　编程显示指定月份的英文，输入指定的月份，返回对应月份的英文名称。例如，文本框中输入“1”，返回“January”，文本框中输入“2”，返回“February”。如果在文本框中输入的月份小于 1 或大于 12，不属于正常的月份，则应该抛出异常。使用 ArgumentOutOfRangeException 类刚好满足要求。用 throw 语句抛出异常。

具体实现步骤如下：

（1）新建项目：创建 Windows 应用程序，项目的名称为“t10-4”。

（2）程序的界面如图 10.7 所示。

(3) 找到“确定”button1 按钮控件，添加 button1 的 Click 事件，代码如下：

```
private void button1_Click(object sender, EventArgs e)
{
    int month=Convert.ToInt32(textBox1.Text.ToString().Trim());
    switch (month)
    {
        case 1:
            label1.Text="January"; break;
        case 2:
            label1.Text="February"; break;
        case 3:
            label1.Text="Thursday"; break;
        case 4:
            label1.Text="April"; break;
        case 5:
            label1.Text="June"; break;
        case 6:
            label1.Text="July"; break;
        case 7:
            label1.Text="January"; break;
        case 8:
            label1.Text="February"; break;
        case 9:
            label1.Text="January"; break;
        case 10:
            label1.Text="October"; break;
        case 11:
            label1.Text="November"; break;
        case 12:
            label1.Text="December"; break;
        default:
            throw new ArgumentOutOfRangeException("不存在的月份");
    }
```

(4) 运行程序，单击“调试”菜单下的“开始执行(不调试)”或者按快捷键 Ctrl+F5，结果如图 10.7 和图 10.8 所示。

图 10.7　正常执行时界面

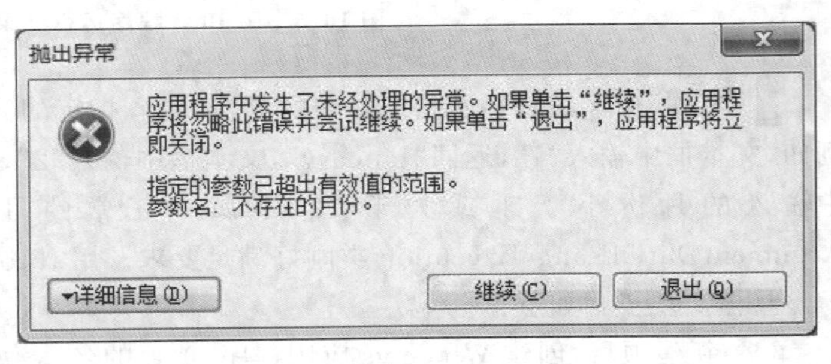

图 10.8　抛出异常窗体

代码详解 本例中“throw new ArgumentOutOfRangeException("不存在的月份");”语句用于抛出异常对象，对象包含异常的细节。当在文本框中输入“13”时，13不属于正常月份中1～12整数范围，抛出异常，新建并初始化一个ArgumentOutOfRangeException对象，构造器用字符串填充对象的Message属性。

2. 重发异常

在前面的内容中我们学到，如果发生异常，可以在catch语句中对异常进行捕获并在catch块中处理。处理过程可以由程序员根据实际情况编写。其中有一种处理很特殊，可以在处理过程中使用throw语句把异常重发给调用者。

例10.5 对例10.1代码进行改进，如果发现除数为0，则结果默认为整数的最大值，同时程序显示出“执行结果不可靠”的提示信息。首先定义方法Div()，获取文本框中输入的被除数和除数，对除法运算中的异常进行捕获，如果发现有除数为0的异常，则把结果置为整数的最大值，并重发异常到调用函数。在调用函数中对异常进行捕获，如果发现有异常，则弹出图10.9(b)所示的对话框。

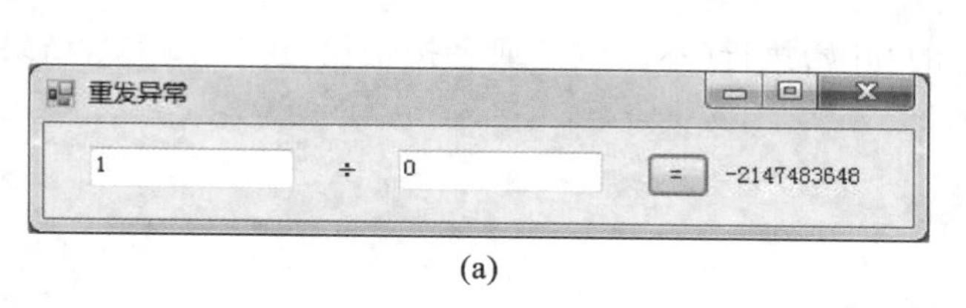

(a)

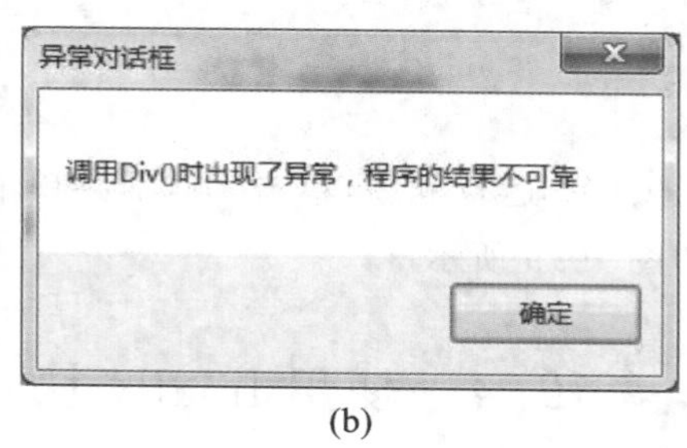

(b)

图10.9 例10.5程序运行结果

具体实现步骤如下：

(1) 新建项目：创建Windows应用程序，项目的名称为“t10-5”。

(2) 程序的界面与例10.1相同。

(3) 定义方法Div()，代码如下：

```
public void Div()
{
    int x, u;
    double Result;
    try
    {
        x=Convert.ToInt32(txtX.Text);      //把 txtX 中的输入转换为整型作为被除数
        y=Convert.ToInt32(txtY.Text);      //把 txtY 中的输入转换为整型作为除数
        Result=x / y;                      //除法运算
        label2.Text=Convert.ToString(Result);      //除法的结果显示出来
    }
    catch (DivideByZeroException e1)
    {
        Result=Int32.MaxValue;
```

```
            label2.Text=Convert.ToString(Int32.MaxValue);      //处理异常
            throw e1;//重发异常
        }
    }
```

(4) 找到"="button1 按钮控件,添加 button1 的 Click 事件,代码如下:

```
    private void button1_Click(object sender, EventArgs e)
    {
        try
        {
            Div();                    //调用 Div()
        }
        catch (Exception e2)      //捕获来自 Div()重复的异常
        {
            MessageBox.Show("调用 Div()时出现了异常,程序的结果不可靠", "异常对话
框");
        }
    }
```

(5) 运行程序,单击"调试"菜单下的"开始执行(不调试)"或者按快捷键 Ctrl+F5,结果如图 10.9 所示。

10.4 使用 finally 块

当程序出现异常时,程序会终止当前执行流程,抛出异常。也就是说,try 块中出现异常的语句后面的代码将不会运行。当 catch 处理程序运行完毕,会从整个 try…catch 块之后的语句继续,而不是从抛出异常的语句之后继续。但是有的时候,我们希望不管程序是否出现异常,都始终运行某些代码(例如内存的清理等)。这个时候我们可以使用 finally 块。

finally 块的特点就是:放到 finally 块中的语句总是运行(无论是否抛出异常)。finally 块可以放在 try 块之后,或者放在最后一个 catch 块之后。只要程序执行到 try 块,那么,与 try 块相连的 finally 块始终都会运行(即使 try 块发生了异常)。如果 try 块发生了异常,而且在本地 catch 块中捕捉到该异常,那么首先运行 catch 块中关于异常的处理程序,然后运行 finally 块。如果没有在本地捕捉到异常(也就是说,本地没有相应的 catch 块处理异常,需要调用栈的上一级搜索匹配的处理程序),那么首先运行与 try 块相连的 finally 块,再搜索异常处理程序。无论如何,finally 块总是运行,如下例所示。

例 10.6 创建控制台应用程序,在程序中练习 finally 块的使用。

具体实现步骤如下:

(1) 新建项目:创建控制台应用程序,项目的名称为"t10-6"。

(2) 找到 Main()方法,代码如下:

```
using System;
using System.Collections.Generic;
using System.Linq;
```

```
using System.Text;
namespace t10_6
{
    class Program
    {
        static void Main(string[] args)
        {
            try
            {
                int b=0;
                int a=10 / b;
            }
            catch (DivideByZeroException divEx)
            {
                Console.WriteLine("除数不能为零!");
            }
            catch (Exception Ex)
            {
                Console.WriteLine("一些异常处理");
            }
            finally
            {
                Console.WriteLine("不管发生什么都要运行的语句。");
            }
        }
    }
}
```

(3) 运行程序,单击"调试"菜单下的"开始执行(不调试)"或者按快捷键 Ctrl+F5,结果如图 10.10 所示。

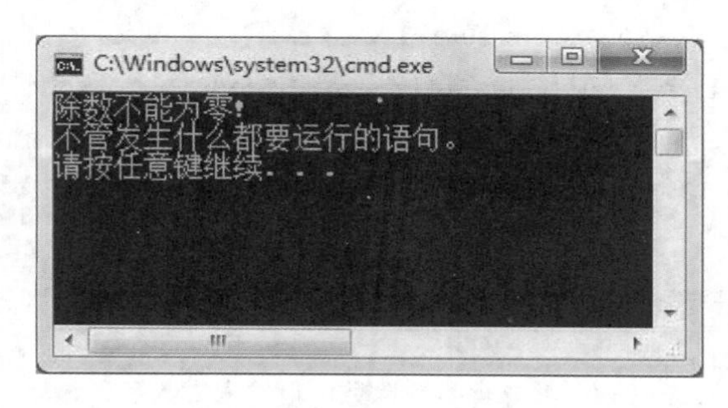

图 10.10　例 10.6 程序运行结果

代码详解　程序中"int a=10/b;"抛出异常,catch 块"catch(DivideByZeroException divEx)"中处理了异常,在控制台上输出"除数不能为零!",接着执行了 finally 块,在控制台上输出"不管发生什么都要运行的语句。"。

10.5 综合实验

10.5.1 实验一

例 10.7 创建一个 Windows 窗体应用程序，只接受 0 至 100 之间的整数作为除数或者被除数。如果用户试图输入 0，则应显示除数为零的错误消息提示；如果用户输入的值并不是整数，则显示“请将被除数或除数的值输入为数字！”的错误消息提示。对程序中出现异常的部分，进行捕捉，不同的异常类型进行不同的处理。界面如图 10.11 所示。

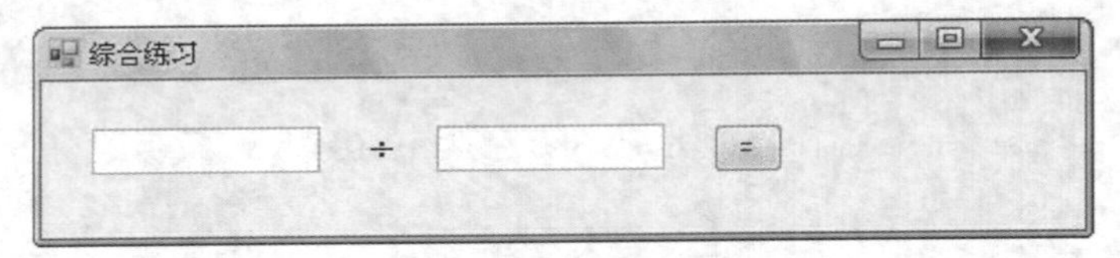

图 10.11 例 10.7 程序设计界面

具体实现步骤如下：

(1) 新建项目：创建 Windows 窗体应用程序，项目的名称为“t10-7”。

(2) 在 Form1 窗体中添加相应的控件(2 个文本框控件、2 个标签控件、1 个按钮控件)。找到按钮 button1，添加 Click 单击事件。添加代码如下。

```
private void button1_Click(object sender, EventArgs e)
{
    int a, b, c;
    try     //试图捕获异常
    {      //将文本转换为 Int32 类型的整数
           a=Convert.ToInt32(txtX.Text);
           b=Convert.ToInt32(txtY.Text);
           if (a<0|| a>100)
               throw new IndexOutOfRangeException("您键入的除数是"+a);
           if (b<- 1000 || b>100)
               throw new IndexOutOfRangeException("您键入的除数是"+b);
           c=a / b;
           label2.Text="两数的商为:"+c.ToString();
    }
    catch (FormatException)    //处理转换发生的异常
    {
         label2.Text="请将被除数或除数的值输入为数字!";
    }
    catch (DivideByZeroException)    //处理除数为零的异常
    {
         label2.Text="除数不能为零!";
    }
```

```
        catch (IndexOutOfRangeException ex)
        {
            label2.Text="错误:数字应介于 0 与 100 之间。"+ex.Message;
        }
        catch (Exception ex)
        {
            Console.WriteLine("错误:"+ex.Message);
        }
        finally  //清除异常
        {
            MessageBox.Show("程序正常结束");
        }
    }
```

(3) 运行程序,单击“调试”菜单下的“开始执行(不调试)”或者按快捷键 Ctrl+F5,结果如图 10.11 所示。

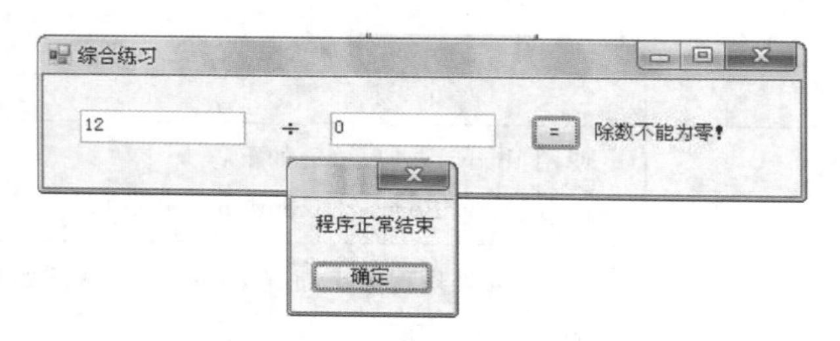

图 10.12　例 10.7 程序运行结果

代码详解　如果用户输入的值为 0 至 100 以外的数字,则可使用 IndexOutOfRangeException 来处理异常。

```
catch(IndexOutOfRangeException ex)
{
     label3.Text="错误:数字应介于-1000 与 1000 之间。"+ex.Message;
}
```

如果用户输入的值并不是整数,则字符转换时发生的异常可使用 FormatException 类来处理。

```
catch (FormatException)   //处理转换发生的异常
{
    label3.Text="请将被除数或除数的值输入为数字!";
}
```

用户在编程时并不会对所有类型的异常分别进行处理,这个时候可以使用 Exception 类,所有的一般异常均可使用 Exception 类来处理。

```
catch(Exception e)
{
    Console.WriteLine("错误:"+e.Message);
}
```

无论异常是否引发,都会执行 finally 语句块。

小　结

本章讲述了如何使用 try 和 catch 捕捉和处理异常，讲述了在检测到异常时如何抛出异常，最后讲述了如何用 finally 块确保关键代码总是执行，即使发生了异常。

知识点	操作

捕捉特定异常	写 catch 处理程序捕捉特定的异常类，示例如下：
	try
	{
	…
	}
	catch (FormatException fEx)
	{
	…
	}

抛出特定异常	使用 throw 语句，示例如下： throw new FormatException(source)；

用 catch 处理程序捕捉所有异常	写 catch 处理程序来捕捉 Exception，示例如下：
	try
	{
	…
	}
	catch (Exception ex)
	{
	…
	}

确保特定代码总是运行，即使前面抛出了异常	将代码放到 finally 块中，示例如下：
	try
	{
	…
	}
	catch (…)
	{
	　…
	}
	finally
	{
	// 总是运行
	}

课后练习

一、选择题

1. 下列关于 try…catch…finally 语句的说明中，不正确的是________。

A. catch 块可以有多个　　B. finally 块是可选的

C. catch 块也是可选的　　D. 可以只有 try 块

2. 为了能够在程序中捕获所有异常，在 catch 语句的括号中使用的类名为________。

A. Exception　　B. DivideByZeroException

C. FormatException　　D. 以上三个均可

3. 关于异常，下列说法中不正确的是________。

A. 用户可以根据需要抛出异常

B. 在被调方法中可通过 throw 语句把异常传回给调用方法

C. 用户可以自己定义异常

D. 在 C# 中有的异常不能被捕获

4. 下列说法正确的是________。

A. 在 C# 中，编译时对数组下标越界将做检查

B. 在 C# 中，程序运行时，数组下标越界也不会产生异常

C. 在 C# 中，程序运行时，数组下标越界是否产生异常由用户确定

D. 在 C# 中，程序运行时，数组下标越界一定会产生异常

二、填空题

1. 与 try 块相连的________块将一定被执行。

2. 异常对象均是从________类派生而来的。

3. ________块封装了可能引发异常的代码。

4. 如果方法 Convert.ToInt32 的参数不是一个有效的整型值，可以抛出一个________异常。

5. 在整型运算中发生算术溢出时，为了强制发生异常，使用运算符________。

6. 数组下标越界时产生的异常是________类型的异常。

7. Exception 类有两个重要的属性：________属性包含对异常原因的描述信息。

8. 在 catch 语句中列举异常类型时，FormatException 异常应列在 Exception 异常的________。

三、程序设计题

1. 编写一个冒泡排序法程序，要求在程序中能够捕获到数组下标越界的异常。

2. 编写一个计算器应用程序，要求在程序中能够捕获到被 0 除的异常与算术运算溢出的异常。